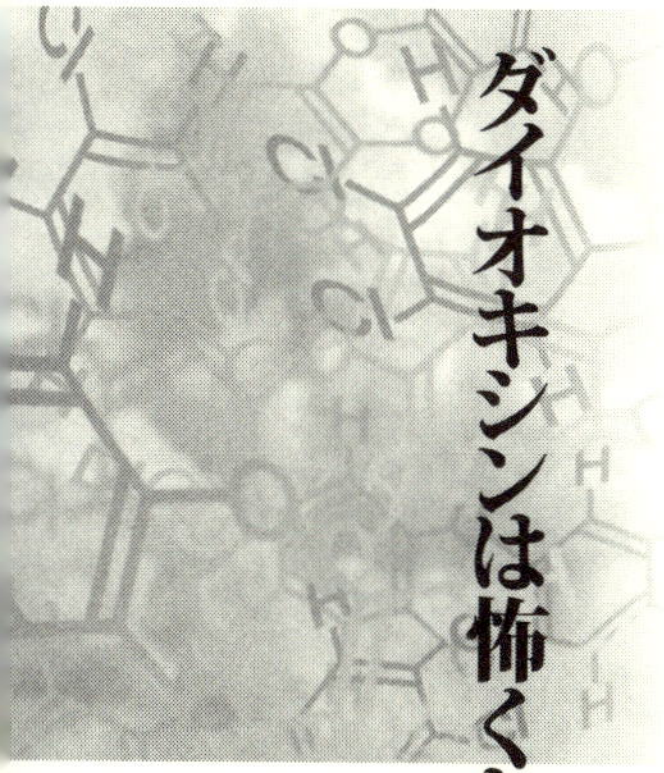

ダイオキシンは怖くないという嘘

長山淳哉

緑風出版

はじめに

一九九四年、私は講談社より『しのびよるダイオキシン汚染』を出版した。それは、一九八〇年代からダイオキシン問題に取り組む欧米各国の有り様と、それが話題にすらならない国内の情況に大きなギャップを感じ、国内への問題提起のつもりからだった。

やがて、国内でのダイオキシンに対する関心が高まり、対策なども取られるようになった。

ところが、そうこうするうちに、『環境ホルモン空騒ぎ』とか、『ダイオキシン　神話の終焉』などという記事や本が現れ、世界の潮流に逆行する意見が国内で台頭してくる。

さらには、ダイオキシン専門家は「嘘つき」だ、と言う人まで出てきた。

以前から、グローバル・スタンダードとのギャップを肌で感じていた私は直感した。これらの人々が、その元凶だ。

ダイオキシン問題では、その毒性・リスクもさることながら、ゴミ対策にもスポット・ライトが当てられた。ゴミの焼却により、ダイオキシンが発生するからだ。そして、できるだけゴミを出さない循環型の社会・経済システムが注目され、極めて短期間のうちに、そのようなシステムが導入された。

それまで、国内で生じる一般ゴミの大部分が焼却処理されていた。そのために、欧米では考えられないほど多数の小型の焼却処理場が造られてしまった。これらの処理施設にダイオキシン対策を施すとすれば、莫大な費用が必要になる。

それまで、ゴミ対策すら、無為無策に放置しておきながら、ダイオキシン問題でゴミ処理にスポット・ライトが当たると、その責任には触れようともせず、ダイオキシン問題を空騒ぎ化し、神話化し、さらには虚構化しようとする。

あの時、ダイオキシン問題が浮上しなければ、旧態依然とした社会・経済システムだけでなく、ゴミ対策も放置され続けたに違いない。

しかし、今でも、ダイオキシンや環境ホルモン問題を空騒ぎだったとか、嘘だったとする意見や考えが依然としてあるのに、それに対する反論などもないように感じる。そして、当時、ダイオキシンや環境ホルモンを問題視した科学者や研究者は、今のこの情況をどのように感じ、認識しているのだろうか、と思っている人々が少なくないことも、耳にするようになった。

こんなことでは困る。化学物質による環境や人体汚染の問題は決して空騒ぎや嘘などではない。

種々様々な動物実験を考慮した後、次の実験からダイオキシンの最少影響量が決定された。それによると、妊娠中にダイオキシンを投与されたラットから生まれた雌の生殖器の形態異常に明確な量・反応関係があり、実験の信頼性も高いと判断された。この時の最少体内負荷量――血液や脂肪組織での濃度と対応する――は体重一キログラム当たり八六ナノグラム(一ナノグラムは一グラムの十億分の一)であった。この体内負荷量に達するための人の一日摂取量は体重一キログラム当たり四三・六ピコグラム(一ピコグラムは一グラムの一兆分の一)と算出された。これを動物実験の結果を人に当てはめる場合の安全性を考慮して、十で割り、一日に体重一キログラム当たり四ピコグラムという現在のわが国の耐容一日摂取量(TDI)が、一九九九年六月に定められた。これはそれまでの厚生省が定めたTDI、つまり、体重一キログラム当たり一〇ピコグラムの二分の一以下の厳しい基準値である。

このように、ダイオキシンなどの毒性はガンになるとか、死亡するとかという単純な指標で評価されるのではない。体の形態や機能の異常など多種多様な指標で評価するのである。そして、最近では最も感受性の高い胎児への影響を考慮して、摂取許容基準が設定されている。

二〇〇一年、EU諸国は最新の知見を採用して、一週間につき体重一キログラム当たり一四ピコグラムとか、一か月につき体重一キログラム当たり七〇ピコグラムという暫定的耐容摂取量を定めた。これを単純に一日当たりに換算すると体重一キログラム当たり約二ピコグラムになる。これは現行のわが国の基準値よりも二倍も厳しい。また、この場合、最近のわが国のダイオキシン摂取量の平均値が体重一キログラム当たり一・〇～一・五ピコグラムと推定されていることを考えると、その安全域にはまったく余裕がないのである。

このように世界各国のダイオキシンの耐容摂取量は従来よりも厳しくなっており、それだけ毒性も高いと考えられている。

　以上のようなことを最初にダイオキシン問題を提起した者として、明確に表明せねばならない、と考えた。これが本書執筆の第一の理由である。

　さらに、前記のような人々の考えや意見が正しいのであれば、何の問題もない。しかし、彼らの書いたものや発言にこそ、嘘や空想や手前勝手な捏《でっ》ち上げがある。それらのことを正し、このような人々から、わが国の学問や科学を解放しない限り、わが国に希望に繋がる未来はない、と念《おも》った。冷静に、科学的に考えてもらわねば困る、と念った。これらの念いが、本書を書かせた第二の理由である。

目次

ダイオキシンは怖くないという嘘

第一章　ダイオキシンは空騒ぎか

ダイオキシン国際会議は一九八一年から毎年、開催されている。

私がこの一連の国際会議に初めて出席したのは一九八四年、カナダの首都オタワで開かれた第四回目の会議である。

ダイオキシンとダイベンゾフラン――最近ではこれにコプラナーPCBを加えて、ダイオキシン類という――による環境や人の汚染が問題になりつつあった。

当時のダイオキシン国際会議の参加者は四百名前後だったと思うが、わが国からは私も含めてわずかに三、四名だった。わが国の研究者の関心の低さに愕《おどろ》かされた。

これがカネミ油症という世界で最初のダイオキシン中毒事件が発生した国の現実の姿だった。それはまた、公害先進国でありながら、環境後進国と揶揄嘲弄《やゆちょうろう》される、わが国の有様を象徴しているようでもあった。

肩身が狭くて、とても寂しい思いがしたことを覚えている。

ところが、それから十二年が経った一九九六年、厚生省と環境庁がダイオキシン対策を考え始めると、この会議への、わが国からの参加者が急増する。

そして、とうとう一九九九年のベネチアの会議では、アメリカを抜いて一位になる。

金のなる木に人が集まるとはこのことだ。

最近では、「ダイオキシンは怖くないという嘘」を立証するために本書で取り上げる三名、つまり登場順に列記すると、(独) 産業技術総合研究所化学物質リスク管理センター所長中西準子氏、東京大学生産技術研究所教授渡辺正氏、そして国際連合大学副学長安井至氏等の反対運動により、研究費や経費がカットされたのか、参加者は当時よりは少なくなった。しかし、それでもその数ではアメリカとトップ争いをしている。

それはさておき、私は一九八四年の会議のときから、欧米諸国のダイオキシン対策に対して、わが国の対応の遅れを痛感していた。

その念いは一九九〇年代に入るとますます強くなる。そのような念いを込めて、一九九四年、私は講談社からブルーバックス・シリーズの一冊として『しのびよるダイオキシン汚染』を出版してもらった。

私としては満を持して世に出した本であったが、その後の数年間、この本の売れ行きは、はかばかしくなかった。

一九九〇年代の前半まで、わが国にはダイオキシンの摂取許容基準すらなかった。しかし、一九九六年六月になってやっと厚生省が体重一キログラム当たり一〇ピコグラム——一ピコグラムは一グラムの一兆分の一——という、また同じ年の十二月には環境庁が体重一キログラム当たり五ピコグラムという基準値を発表する。

さらに、一九九七年二月、私も出席した会議で、国際ガン研究機関（ＩＡＲＣ）はダイオキシンが人の発ガン性物質であることを正式に認めた。

この年の春ごろから、「ゴミ焼却場からダイオキシンを検出」とか「ダイオキシン　焼却場付近の汚染深刻」といった記事が国内の新聞紙上を賑わすようになる。すると、俄然、私の本が売れ始める。

ダイオキシンの主要な発生源と汚染源がゴミの焼却にあるということは私の本にも書いてあった。しかし、ほとんど注目されなかった。

現実に検出されたり、汚染されたりすると、こんなにも反応が違うものかと驚いた。と同時に、マスコミの力にも気づかされた。

一九九八年五月、世界保健機関（WHO）はこれまでの基準値よりもさらに厳しい、一日に体重一キログラム当たり一～四ピコグラムというダイオキシンの耐容一日摂取量を発表する。

ダイオキシンに対して、より厳しい基準値を設定する国際情勢に呼応するように、国内でのマスコミ報道はますます過熱する。

私も、この頃のマスコミの有様はかなり凄いと思った。

しかし、一九九六年頃まで、ダイオキシン対策を放置してきたことへのしっぺ返しともとれた。

十年以上前から、その対策を考えてきた欧米と違って、わが国の場合はそこで、すべての問題が一気に噴出したからだ。それでまあ、仕方がないか、とも思った。

すると、当然のことながら、このような社会状況に批判的な人が出てくる。

中西氏のダイオキシンは怖くない根拠

一九九八年、『新潮45』十二月号に、当時は横浜国立大学教授、現在は（独）産業技術総合研究所化学物質リスク管理研究センター所長の中西準子氏が『「環境ホルモン」空騒ぎ』という記事を発表する。

この記事の中で中西氏は、乳児が母乳から摂るダイオキシンの量について、厚生省が一九九六年に定めた耐容一日摂取量（体重一キログラム当たり一〇ピコグラム）の五倍になるから問題だ、という学者のコメントはおかしい、と言う。そして、耐容一日摂取量は一生涯その化学物質を摂取したときに生じる慢性影響を回避する目的で作られたものであるから、乳児の短期的な摂取量をこの値と比べることには意味がない、と指摘する。

それから、カネミ油症患者の最少摂取量が一般人の二万五千倍、体内蓄積量が三百八十五倍で、この上に比較できないほどのPCBを食べているから、一般の人が食べる量も乳児が母乳から飲む量も何ら問題はない、と主張する。

確かに、この最少摂取量で発症したカネミ油症患者はかなり多量のダイベンゾフランを百三十五日間食べて中毒になった。しかし、一生涯食べ続けたのではない。しかも成人であって、成長の速い乳児とは毒物への感受性が全然違う。さらに、カネミ油症患者は一般人とは比較できないほど多量のPCBを食べていると言うが、患者の血中PCB濃度は一般人の数倍程度であり、それほど高くない。つまり、消化管での吸収なども関係するのである。

ダイオキシンの耐容一日摂取量にしても、食品添加物や農薬の一日摂取許容量にしても、動物の毒性実験から算出される。この算出過程を簡単に説明すると次のようになる。

まず、ある化学物質を乳離れしたネズミやラットにほぼ一生涯投与する。そして、何の毒性も認められない最大の投与量――いわゆる最大無作用量――を求める。この最大無作用量を百から千の安全係数で割って、摂取許容量が決められる。このように、ネズミやラットがほぼ一生涯食べ続けても、何の影響も出ない量の百分の一から千分の一が人の摂取許容基準なのだ。

ところが、中西氏が持ち出したのはカネミ油症患者、つまり人間が、しかも百三十五日という短期間で、重症の中毒症状を発症した摂取量と比較して、問題がないと主張する。こんなことは通常、生物系や医学系の学者なら、絶対にしない。

この時、中西氏は何故、一九九八年五月にWHOが発表したダイオキシンの耐容一日摂取量（体重一キログラム当たり一～四ピコグラム）を引き合いに出さなかったのだろうか。このWHOの摂取基準は最近の毒性学的知見に基づいて、動物での内分泌攪乱作用や感受性の高い胎仔、乳仔への影響を考慮して、科学的根拠に基づいて決められている。まさか、そんなことも知らないで、化学物質のリスク評価をしているのではあるまい。

しかも、この基準量は中西氏が言う厚生省の耐容一日摂取量の半分以下の厳しい値だ。とすると、さらに具合が悪くなる。それで故意に引用しなかったのかもしれない。

私の研究への中西氏の〝批判〟

この中西氏の記事には私の研究の話も出てくるので、そのことにも言及しておく。記事の中での記載は次のようになっている。

唯一、一般人の数倍以内のダイオキシン類濃度で影響が報告されていたのは、九州大学医療技術短期大学部助教授・長山淳哉さんの研究結果であった。それは母乳中のダイオキシン類濃度が増加すると乳児の血清中チロキシン濃度が減少するという関係で、これを示すグラフはあらゆるダイオキシン本に引用され、テレビや新聞にはおそらく数十回は引用されたのではないだろうか。これほどまでに有名な研究となったのは、他にダイオキシンと体調異常との因果関係は見つからなかったからである。

しかし、驚くべきことに。今年の夏ストックホルムで開かれた国際ダイオキシン会議で長山さん自身がこの関係は統計的に有意ではなかったとして否定したのである。……（中略）……とはいえ長山さんがご自分の説を引き下げた今となっては、数々のダイオキシン本やテレビ新聞はなにおか言わんやである。

ここでまず、述べねばならないことは標本と母集団の関係である。中西氏が言っている私の研究では、最終的には百名ほどの乳児について、母乳のダイオキシン汚染と乳児の甲状腺ホルモンの関係を調べている。私が研究対象としたのは約百組の母子である。統計用語で、この百組の母子のことを標本という。つまり、標本というのは、あることを調べるために実際の研究データを得るグループをいう。

しかし、研究の最終目標は標本での結果を知ることではない。我々が知りたいのは、わが国全体での、母乳を汚染しているダイオキシンの乳児の甲状腺ホルモンへの影響である。そのためには本当は全国のすべての母子を対象にして研究を行わねばならない。この全国の母子のことを母集団という。そして、常に研究の最終目標は母集団での結果である。

だが、現実には全国の母子すべてについて、こんな研究はとてもできない。だから、その一部の標本を使って研究し、その結果から、母集団での結果を推定するのである。

問題なのは、実際にデータを得た標本の結果が本当に正しく母集団での両者の関係を反映しているか、どうかということ。そのために、統計学や推計学が必要になり、標本の結果は常にある程度の危険性を孕んでいる。そのことを統計用語で有意水準とか危険率という。

中西氏が文中、「……この関係は統計的に有意ではなかったとして否定したのである」という件は、このことを言っている。

皆さんもよくご存知のように喫煙は肺ガンの最大の原因だ。しかし、この喫煙と肺ガンのように極めて因果関係が明確と思える関係であっても、ある研究では統計上有意な関係が認められないこともある。そして、標本が違ういくつもの研究の結果が蓄積して、一つの真実、つまり母集団の結果に収束する。

もっと不確かなのは、受動喫煙と肺ガンの関係だ。肺ガン発症への影響が能動喫煙ほど強くないので、往々にして統計的に有意な関係が成立しない。それでも、受動喫煙の健康影響が問題視されている。つまり、統計的に有意でないからといって、すぐに否定されたりはしないのである。

中西氏が学者とか科学者であることに疑問を抱かせる第二点は、この母集団と標本の関係がまったく理解できていないことだ。私が一九九八年にストックホルムで発表した研究では、それまでの研究とちがって、母子が百組ほどに増えている。つまり、標本が違っているのだ。それで、当然、結果が違った。具体的には、ダイオキシン類によりチロキシン濃度（甲状腺から分泌されるホルモンで、身体の発育ならびに新陳代謝を調節する）は影響を受けなかったが、甲状腺刺激ホルモン濃度が上昇した。これは間接的にチロキシン濃度が低下したことを示唆している。

それだけのことなのに、「私がこれまでの関係を否定した」とか「自分の説を引き下げた」とか、素人受けを狙って、科学者に有るまじきことを記事にする態度こそ、中西氏がこれまでことあるごとに我々を非難してきた科学者としての責任に係る重大問題だ。

中西氏が、さらに問題なのは、これ以後の私の研究結果には一切言及しないことだ。それはその方が中西氏にとって、あるいは中西氏のグループにとって、好都合だからだろう。それまでの研究で、研究当初には予想もしていなかった結果が次々と出てくる。それで、私はこの研究データの解析には数理統計の専門家の協力が必要と考えた。

ということで、当時、九州大学大学院数理学研究院の教授だった柳川堯氏に共同研究者になってもらった。だから、ストックホルム以後の研究結果、なかでも柳川氏が共著者になっている論文の研究結果は数理統計学的にも、より信頼のできる、正しいものと考えている。

この後も順次、私は新しい解析結果を、毎年、ダイオキシン国際会議で発表する。一九九九年はベネチア、二〇〇〇年はカリフォルニア州モントレー、二〇〇一年は韓国の慶州、二〇〇二年はバルセロナ、二〇〇三年はボストン、そして二〇〇四年はベルリンだった。

これらの一連の発表を通じて、私は母乳を汚染しているダイオキシン類、ＰＣＢ、有機塩素系農薬による乳児とその母親の甲状腺ホルモン系や免疫応答系への影響を詳しく報告してきた。化学物質によっては、その影響がダイオキシン類と逆の場合もある。また同じ方向に作用しているので、共同作用により、影響が一層強まることもある。また、それらの影響には性差がある可能性も浮上してきた。

都合の良いことは発表しても、悪いことは報告しない。それが「言論の自由」であるならば、何と好都合なことだろうか。

中西氏が、この記事の中で書いてあるように、私はこれまで、胎児や乳児の甲状腺ホルモン系へのダイオキシンなど有害物質の影響を一つの研究テーマとしてきた。中西氏の記事への反論ではないけれども、最近とても重要な研究結果を得た。と同時に、有害物質の人への影響やリスクの評価に際し、極めて重要な新たな問題も浮上してきた。

そこで、次に、この問題についてお話しする。

ダイオキシンによる胎児への影響

あれはストックホルムでのダイオキシン国際会議の前年、つまり、一九九七年八月、アメリカ、インディアナ州の州都インディアナポリスで開催された第十七回ダイオキシン国際会議でのことだった。

この会議で、私は七十一組の母子について、母乳からのダイオキシンの摂取量が多くなると、乳児の血液の甲状腺ホルモン（T_3とT_4）——甲状腺から分泌されるホルモンで、T_4は前出のチロキシンのこと——が低下し、甲状腺刺激ホルモン（ＴＳＨ）——脳下垂体から分泌されるホルモンで、甲状腺ホルモンの分泌を調節——が上昇することを発表した。

ちなみに、ストックホルムの会議では百組ほどの母子について、母乳からの摂取量ではなく、胎児期に曝露したダイオキシンの甲状腺ホルモン系への影響について発表した。

それはさて置き、インディアナポリスでの私の発表が終わり、質疑応答に移った時、アムステルダム大学教授のオリエ氏が質問用マイクの前に立ち、

「母乳から摂取するダイオキシンが乳児の甲状腺ホルモン系に影響を及ぼしているのであれば、胎児はもっと影響を受けているはずです。胎児への影響も調べて下さい」

とコメントした。

この頃になると、ダイオキシンなど母体を汚染している有害物質のターゲットが乳児から胎児に変わりつつあった。それは次のような理由による。

脂溶性で蓄積性の高いダイオキシンなどの化学物質は脂質――脂肪と同じ意味――含有率の高い母乳にはたくさん含まれている。そのために、母乳からの摂取量、つまり乳児の曝露量はかなり多い。ところが、このような化学物質は胎盤から胎児へはあまり移行しない。そのため胎児の曝露量はとても少ない。

私が大学院時代に行ったマウスの実験によれば、カネミ油症の原因物質ダイベンゾフランの場合、胎盤から胎仔への移行に比べ、授乳ではその五百倍以上が乳仔に移行した。そういうことで、私は国内では逸早く、母乳汚染に注目し、研究を始めたのである。

しかし、人の場合、〇・二ミリ弱の受精卵は四十週、つまり二百八十日で体重が三キログラム、身長が五〇センチ前後に成長して、この世に誕生する。この成長速度はどんなガン細胞よりも速

い。しかもその上に、極めて精密な発生と分化を繰り返しながら大きくなる。この時の胎児の有害物質への感受性は、乳児に比べて計り知れないほど大きいのだ。

私はそれからずっと、胎児への影響のことを考え続けた。胎児の甲状腺への影響はどうすれば調べられるのだろうか。帰りの飛行機の中でも、帰国してからも、頭の中はそのことでいっぱいだった。

帰国後数日が経ったとき、脳裏にふと一つの疾患が浮び上がった。先天性甲状腺機能低下症、通称クレチン症だ。

研究を始める時、私はそれほど深く考えることなく、甲状腺ホルモン系への影響を調べようと思った。

研究が進み、母乳を汚染しているダイオキシン、ＰＣＢ、有機塩素系農薬が乳児の甲状腺ホルモン系に影響しているという結果が出るにつれ、私は甲状腺ホルモンについて深く考え、いろいろと調べるようになる。そして、今、先天性甲状腺機能低下症に辿り着いた。

皆さんもよくご存知のように、成人で甲状腺機能が亢進（甲状腺ホルモンが上昇し、甲状腺刺激ホルモン〔ＴＳＨ〕が低下した状態）すると、甲状腺が腫脹《しゅちょう》して基礎代謝が高まり、多汗、心悸亢進、眼球突出などを主症状とするバセドー病になる。逆に、その機能が減退すると、基礎代謝が低下するので、談話、思考、運動などが鈍くなる。また、皮膚は肥厚し、蒼白となり、浮腫状の粘液水腫となる。

ところが、胎児と乳児では、その機能低下は遥かに重篤な影響を与える。この時期の甲状腺ホルモンは新陳代謝を高め、身体の発育と脳の発達を促進する。だから、先天性甲状腺機能低下症、いわゆるクレチン症では発育不全（小人症）や無感覚、そして知能障害を生ずる。これを予防するには、誕生後できるだけ早く発見し、治療を始めねばならない。

そういうことで、わが国では一九七九年から、そのためのマス・スクリーニング検査――出生時、全員に甲状腺に異常があるかどうかを調べる検査――を開始した。

そこで私は、厚生省が毎年発表する、このマス・スクリーニング検査の陽性率を年次別に調べてみた。すると、検査開始当初の陽性率は八千人に一人なのに、最近は二千五百人に一人に上昇している。つまり、この四半世紀の間に、陽性率が三倍以上になっている。

私はこれも胎児期に受けた有害物質の影響ではないか、と考えた。そして、母体を汚染している有害物質との関係を調べねばならない、と思った。

私は、この研究を二〇〇一年から二〇〇四年までの四年間行った。

有害物質が母乳を汚染しているということは、母親つまり母体が汚染されているからだ。母乳と血液の汚染レベルの相関性はとても良く、授乳期間が長くなると両者の汚染レベルは共に低下する。それはダイオキシンなど脂溶性化学物質の母体からのもっとも有効な排泄経路が母乳だからで、その分、乳児は母乳からの摂取量が多くなる。

しかし、産後一か月以内なら、母乳の汚染レベルは母体の汚染レベルを反映している、と考えてよい。そういうことで、血液よりも十倍ほど脂質含有率が高く、化学分析が容易な産後一か月以内の母乳の汚染レベルを妊娠中の母親の汚染レベル、つまり胎児が曝露したレベルと考えて、クレチン症発症との関連性を調べた。

四年間で、クレチン症のマス・スクリーニング検査が陽性だった新生児は三十四名。この内、再検査の結果、陰性となり、正常と判断された児（再検正常群）が八名、高TSH血症の児（高TSH血症群）が四名、そしてクレチン症と診断された児（クレチン症群）は二十二名だった。マス・スクリーニング検査陰性の正常な新生児（正常群）を出産した百三名の母親の母乳の汚染レベルも測定した。

一般に、体を汚染している化学物質の濃度の表し方には、主に脂質重量当たりと全重量当たりの二種類がある。脂質重量当たりの濃度とは、母乳や血液などの検体に含まれる脂質重量を基準にしたもので、脂質含有率の多少により変化する。全重量当たりの濃度とは、検体そのものの重量を基準にしたものである。

ここではまず、通常よく使われている脂質重量当たりの濃度での研究結果をお話しする。この濃度の場合、ダイオキシンにしても、PCBにしても、有機塩素系農薬にしても、正常群、再検正常群、高TSH血症群、クレチン症群のいずれでも、ほとんど同じ汚染レベルだった。このことは、クレチン症の発症にどの有害物質も影響していないことを示している。

ところが、これを全重量当たりの濃度で比較すると、いずれの有害物質の濃度も正常群、再検正常群、高TSH血症群、クレチン症群の順で汚染レベルが高くなる。そして、クレチン症群の母乳の汚染レベルはすべての有害物質で、正常群よりも二倍ほど高かった。

さらに数理解析を進めて、正常群の各有害物質濃度の中央値以上を高曝露群、それ未満を低曝露群として、オッズ比を計算した。すると、有機塩素系農薬のなかのHCH（殺虫剤の一つで、いくつかの異性体がある。ガンマ体の商品名はリンデン）を除くすべての有害物質で、オッズ比が六から二十二となり、統計上有意な高値を示した。

この解析結果の意味するところは、これらの有害物質による母乳の汚染レベルが高い、つまり胎児期の曝露が多いと、クレチン症を発症する危険性が六倍から二十二倍も高くなりますよ、ということなのだ。

ちなみに、ダイオキシンのオッズ比は約十、そしてもっともオッズ比が大きかったのはHCBという農薬だった。

有害物質の人への影響は全重量当たりの濃度で評価を

ここで大きな疑問が浮上する。すなわち、なぜ、脂質重量当たりの濃度と全重量当たりの濃度で、こんなにも結果が違うのか、ということである。そこで私は百三名の正常群の母乳の汚染レベルを母乳の脂質含有率により、低中高の三群にわけて、比較してみた。そして、次のことが明らかになった。

全重量当たりの濃度の場合、母乳の脂質含有率が高いほど、有害物質の汚染レベルも高くなる。ところが、脂質重量当たりの濃度では、逆に、脂質含有率が高くなるほど、汚染レベルが低下する。

このことが、あのような解析結果の違いを生んだのだ。しかし、問題はその原因だ。私は改めて脂質重量当たりの濃度のことを考えた。

この濃度は検体から抽出される脂質含有率で、その検体から検出された有害物質の量を割って、算出される。だから、分子、つまり有害物質の量が同じときには、分母の脂質含有率が小さいほど、大きくなる、すなわち濃度が高くなる。

私は問題は検体からの脂質の抽出にある、と考えた。そして、一つの実験結果を思い出した。それは、この結果が出る二年ほど前のことだった。私は当時、国内ではもっとも信頼していた分析機関三社で男性三名の血液の有機塩素系農薬による汚染レベルをクロス・チェックしてもらった。

その結果、全重量当たりの濃度は三社でほぼ同じだった。ところが、ある分析機関の脂質含有率が際立って低かった。それで、その分析機関の脂質重量当たりの濃度だけが飛び抜けて高くなっていた。

以上のようなことから、私は検体からの脂質の定量的な抽出がかなり難しい、と思った。

二〇〇五年のダイオキシン国際会議はカナダのトロントで開催された。この会議で、私はクレチン症の発症と有害物質による母体の汚染レベルとの関係について、全重量当たりの濃度での解析結果を発表した。そして、その発表のあと、私はドイツ、エルゴ社化学分析部長エルフ・ペプケ氏に脂質抽出のことを訊ねた。

「検体からの脂質の抽出が相当に難しいようですが、化学分析の専門家として、どのように考えられますか？」

エルゴ社は世界でもっとも多くの血液や母乳など人体試料のダイオキシンを分析している。血液だと一万件以上の分析経験があり、実績のある分析機関だ。だから、私はペプケ氏を分析化学者として、世界で一番信頼している。

彼はいつもの和やかな顔を、少し真顔にして、答えた。

「そうです。脂質の抽出は化学物質の抽出よりもマトリックス（物質の抽出を妨害する要因）が多くて、とても難しいのです。化学物質よりも脂質の抽出に気をつけねばなりません」

私はその言葉を聞いて、やはりそうか、と納得した。彼が言うのだから、間違いない。帰国後、このことをもっと詳しく調べてみようと思った。すると、別の分析機関が測定した母乳のダイオキシン、PCB、有機塩素系農薬の濃度でも、同じような傾向があった。私はこれは大変なことだと思った。というのは、世界のほとんどすべての研究者が有害物質の人体への影響やリスクの評価に際し、脂質重量当たりの濃度を用いているからだ。

私も世界の他の研究者と同じように、脂溶性有害物質の場合には、脂質重量当たりの濃度のほうが、全重量当たりの濃度よりも正しい影響やリスクの解析ができると考えていた。しかし、そう考える大前提には、検体からの脂質の抽出が定量的に、正確に行われている、ということがある。ところが、今、この大前提が根底から崩れてしまったのだ。

そこで、私は何人かの友人の分析化学者にも訊いてみた。

「母乳の脂質含有率別に、脂質重量当たりの濃度と全重量当たりの濃度を比較すると、逆転するんだけど、どちらの濃度のほうが正しいんだろうか？　それにしても、脂質の抽出って、とても難しいんだね」

すると、彼らは異口同音に答えた。

「そりゃあ、全重量当たりの濃度のほうが正しいでしょう。脂質重量当たりの濃度は脂質含有率でどうにでもなります。脂質の抽出って非常に難しいんですよ」

私は開いた口が塞がらなかった。疫学者は何のために、これまで十年以上ものあいだ、ダイオキシンやPCBなど残留性有害物質の人への影響やリスクを調べるのに、もっぱら脂質重量当たりの濃度を使っていたのか。それでは、これまでの疫学研究のすべてが水泡に帰すだけでなく、そのために費やした莫大な分析費用や研究費はどうなるのだ。

これは、わが国だけの問題ではない。このことを世界中の環境分野の研究者や専門家に知らさねばならない。そして対策を考えねば。私は心底そう思った。

二〇〇六年のダイオキシン国際会議はノルウェーの首都オスロで八月下旬に開催された。私はこの国際会議で、この問題の重要性について発表した。そして、講演の最後に、

「以上のような研究結果より、検体からの脂質の定量的抽出はとても難しい。したがって、全重量当たりの濃度のほうが脂質重量当たりの濃度よりも正確と考えられる。

このことから、今のところは、有害物質の人への影響やリスクの評価には、全重量当たりの濃度を用いるべきである。また、この目的のために、乾燥重量――検体から水分を除去した時の重量――当たりの濃度も検討してみてはどうだろうか。

いずれにしろ、それらの健康への影響やリスクを、より正確に解明するために、できるだけ早く定量的脂質抽出のための国際標準法を確立せねばならない」

重要な点は、どの濃度がもっとも再現性よく、真の濃度（に近いもの）を表すか、ということだ。聴衆のなかに、どれほどの疫学者がいたのか、分からない。この問題の重要性に、どれほどの人が気がついたかも分からない。しかし、私はその時点で、私ができるすべてのことをやった。

発表のあと、私はまた、エルゴ社のペプケ氏に会って、この問題について話し合った。彼は私のアイディアにまったく賛同してくれた。

二〇〇七年のダイオキシン国際会議は東京で開かれた。私は国際標準法への第一歩を踏み出すべく努力した。定量的脂質抽出の国際標準法が完成するまでには、これからまだかなりの歳月が必要だろう。

有害物質の濃度を正しく測定できなければ、胎児や乳児の曝露量を正確に知ることができない。そんなことではいつまでたっても、そのターゲットである次世代にとって、安心で安全で健全な環境を保障してやることができない。

これは次世代や子孫に対して、私たちがやらねばならない最低限の、もっとも重要な責務である。他の人がどう考えるかは知らない。しかし、私はそう考えている。

急増する先天異常

ダイオキシンなど母体を複合的に汚染している有害物質が先天性甲状腺機能低下症、通称クレチン症の発症に関与している可能性が出てきた。

奇形には大別して二つのタイプがある。一つは通常の外見から分かる奇形で、これを形態奇形という。もう一つは外見からは分からない、体の中の免疫系や内分泌系、脳・神経系などの働きがおかしくなる奇形で、これを機能奇形という。クレチン症もその一つと考えられる。

私がここで奇形を問題にするのは、形態奇形の出産率が、ここ数十年増え続けているからだ。

一九七〇年代の初めから現在まで、日本母性保護医協会と日本産婦人科医会は、わが国の先天異常、つまり形態奇形のモニタリング調査を行っている。

これはクレチン症のようなマス・スクリーニング検査ではなく、産科の専門医が全国的なネット・ワークで毎年、十万人ほどの胎児と新生児をランダムに調査している。だから、信頼性はもっと高い。

最初は先天異常総数の出産率の変化だ。これは一九七二年には〇・七パーセントだった。それが多少の起伏を示しながらも、全体としては上昇し、二〇〇五年には一・五パーセントを超えた。

つまり、この三十年間で、先天異常の総出産率は二倍以上に高まり、最近は七十人に一人以上の割合で生まれている。

これを疾患別に見ると、とくに増加しているものがいくつかある。たとえば、耳介低位《じかい》（耳介が正常な位置より低い）は十一倍、髄膜瘤《ずいまくりゅう》（背骨が完全に形成されていないため脊髄と髄膜〔脊髄を覆う膜〕が背中から出っ張っている）は六倍、水頭症（脳脊髄液が脳室内に貯留して脳を圧迫し、脳の機能障害を生じる）が五倍、尿道下裂（ペニスが下方に彎曲し、尿道口がペニスの先端ではなく、下方や陰嚢に近いところにある）が四倍などである。

一方、機能奇形にはクレチン症のほかに、アトピー性皮膚炎とか多動症（注意欠陥・多動性障害のことで、多動性、不注意および衝動性症状を特徴とする発達・行動障害）、自閉症、それに知能障害などがある。この目に見えない機能奇形は、形態奇形の五倍から十倍の頻度で生まれると推測されている。すると十人に一人ほどの割合で生まれていることになる。

昨今のアトピー性皮膚炎や自閉症、多動症などの増加を考えると、これもあながち有り得ない、とは言いがたい。

これらの形態奇形、機能奇形の原因はほとんど解明されていないが、クレチン症発症と有害物質の関係から考えて、母体を汚染している化学物質が影響している可能性は十分に有り得る。

このような現象は次世代や子孫の生命の健全性が脅かされ、犯されていることを示している。そして、現代社会の繁栄は、その犠牲の上に構築されている、とも言える。もし、そうだとすれば、そのような社会は砂上の楼閣であり、遠からず崩壊するだろう。

私はまず、この形態奇形と機能奇形増加の原因を、母体を汚染している有害物質との関連で、究明する必要があると考える。

こういうことを言うと、必ず出てくるのが、

「ダイオキシンやＰＣＢによる母乳の汚染は、このところ減りつつあるのに、それが奇形増加の原因になるなんて、おかしいじゃないか」

ということだ。

「母乳のダイオキシン濃度はここ二十五年ほどで半減している」

これは一九九八年四月、厚生省が発表した経年変化だ。

このことは中西準子氏の記事『「環境ホルモン」空騒ぎ』の中にも記載されている。

分析したのは大阪府立公衆衛生研究所の研究員で、私の知人でもある。

分析された母乳は大阪府内で、一九七三年から一九九六年にかけて集められたもの。大阪府立公衆衛生研究所が各年十九名から三十九名の母乳をプールし、凍結保存していたものだ。

新聞報道では詳しいことが分からない。そこで、私は分析を担当した研究員から直接、分析データを送ってもらい、中身を詳細に検討した。

ここでいうダイオキシンとは、いわゆるダイオキシン類のことで、通常のダイオキシンとダイベンゾフラン、それにコプラナーPCBを含めたものだ。

ダイオキシン類全体では、この間に確かに半減していた。しかし、最も減少していたのはコプラナーPCBで、減少率は七五パーセント。次がダイベンゾフランで四〇パーセント。ダイオキシンは最も少なく、二四パーセントしか減っていなかった。

さらに詳しく、同族体別に見ると、ダイオキシンのあるものでは、この間に汚染レベルが上昇しているものがあり、また、ほとんど変化していないものもあった。

汚染レベルが変化していない同族体はダイベンゾフランとコプラナーPCBにもある。

この事実は、ダイオキシン類の汚染源と発生源には未知の部分がまだかなりあることを示している。

コプラナーPCBが何故このように減少したかというと、コプラナーPCBの汚染源であるPCBの製造と使用が一九七〇年代の初めに禁止されたからだ。

一九六八年、西日本地域で、わが国最大の食中毒事件カネミ油症が発生した。当初、カネミ油症の原因物質はPCBと考えられていた。それで、PCBによる人や環境の汚染調査が行われた。

その結果、一般人の汚染がカネミ油症患者の数分の一という高いレベルであることや、生活環境が広く汚染されていることが明らかになった。それで、製造も使用も禁止されたのだ。急激に人や母乳の汚染が低下したのは、そのためである。

また、この頃同時に有機塩素系農薬による人や環境の汚染調査も行われた。その結果、ＤＤＴやＢＨＣなどによる高濃度汚染も判明した。そして、これらの有機塩素系農薬の使用もＰＣＢと同じく、一九七〇年代の初めに禁止された。

特筆すべきはＤＤＴである。

ＤＤＴは世界で最初に、第二次世界大戦中に発見された農薬で、緑の革命と言われ、食糧の増産に大いに貢献した。一九四八年には、その発見に対してノーベル医学生理学賞が授与された。ところが、この一九七〇年頃の調査で母乳の高濃度汚染が明らかになり、使用が禁じられただけでなく、授乳までもが禁止されてしまった。だから、この頃生まれた子供は皆、人工乳で育てられた。ノーベル賞受賞から四半世紀も経っていなかった。歴史的には大発見であっても、長い目で見れば、自分で自分の首を絞めているいい例の一つだ。また、進歩と退歩が表裏一体であることを示す適例でもある。

複合汚染の影響

一九七〇年代の初めに、ＰＣＢや有機塩素系農薬の国内での使用が禁止されたために、その後、これらの化学物質やその不純物による環境や人の汚染は減少傾向となる。

そこで、中西氏や安井氏が指摘するように、このような有害物質による汚染は減少しているのに、奇形が増えているのはおかしいじゃないか、という疑問が生じる。

ここで私は二つのことをお話しする。もちろん仮説だから、証明されている訳ではない。

まず第一に、この種の化学物質による汚染は一九七〇年代の初め、つまり使用禁止になった頃がピークだった。問題は、この時期の胎児が母親になり、今、子供を出産しているということ。すなわち、現在、母親や父親になっている人は胎児期、言い換えれば、有害物質への感受性が最も高く、一番影響を受けやすい時に最高レベルの複合汚染に曝されていた、ということである。

その影響の一つが奇形出産の増加ではないか、と考えられる。

こう言うと、必ず、

「それでは、今後は母親や父親になる人の複合汚染のレベルは低下しているので、これからは奇形の出産頻度も減少するのですね」

と、いう質問が返ってくる。

これも一般の人が考えそうなことだが、私の仮説は違う。これが第二点だ。

奇形の発生には遺伝子の変異が関係することもある。

有害物質の遺伝子への影響が蓄積されているとすれば、汚染レベルが下がっても、奇形の出産が減少するとは限らない。だから、化学物質による汚染は人に限らず、すべての生命にとって致命的になりかねない。

また、使用が禁止された化学物質による汚染は低下しても、新たに使われる化学物質の汚染は進行する。

たとえば、有機臭素系難燃剤（ＰＢＤＥ）がそうだ。この化学物質はカーテンやカーペット、車の座席用シート、テレビやパソコンのボディなど多種多様なものに多量に使用されている。ＰＢＤＥが母乳を汚染しており、しかも、そのレベルが近年急上昇していることが、一九九八年、ストックホルムで開催されたダイオキシン国際会議で初めて報告され、愕かされた。

この化学物質による環境汚染はダイオキシン問題にも、新たな局面を投げ掛けた。それは、これまでの塩素系化学物質だけでなく、臭素系化学物質による環境や人の汚染の進行であり、その廃棄物の焼却による臭素化ダイオキシンの発生である。

さらに一層問題なのは、塩素と臭素の両方がミックスして結合したキメラ・ダイオキシンの発生である。キメラ・ダイオキシンによる環境汚染、人体汚染はまだ、まったく調べられていない。

もう一つ付け加えるとすれば、ＡＦ‐Ⅱという化学物質だ。豆腐の防腐剤として使用されていたＡＦ‐Ⅱは、その遺伝子への影響などにより、一九七四年、使用が禁止された。それまでに、日本人は一人当たり平均して、一ミリグラムのＡＦ‐Ⅱを食べていたのだが、その量でＡＦ‐Ⅱは百万個の細胞の遺伝子に影響する。そういうことで、ＡＦ‐Ⅱを食べた日本人と食べなかった日本人では、遺伝的に異質になっている可能性を指摘する学者もいる。

以上述べてきたように、中西氏はダイオキシンの毒性評価に際し、カネミ油症という成人が重症の症状を、しかも短期間で発症した摂取量を基準にしたり、また、母集団と標本の関係を無視したりしている。これは科学的には根本的に誤っている。さらに、最も影響を受けやすい胎児への影響も考慮していない。そういう論理に基づいて導き出された「空騒ぎ説」もまた机上の空論なのである。

私たちはこれまで、便利で快適で、一見豊かな生活を維持し、発展させるために、多くの化学物質を作り出し、使用してきた。しかし、それらの化学物質は巡り巡って、私たちの体を汚染し、悪影響を与えている可能性がある。その悪影響は最も感受性の高い胎児と乳児に最初に現れるということを肝に銘じ、次世代や子孫の生命の健全性の保持・増進に焦点を当てた研究が必要なのであり、ダイオキシンや環境ホルモン問題は決して、空騒ぎなどではないのである。

第二章　ダイオキシンは神話か

『ダイオキシン　神話の終焉』への私の抗議

二〇〇三年一月、日本評論社から『ダイオキシン　神話の終焉』という本が出版された。著者は東京大学生産技術研究所教授渡辺正氏と目白大学人間社会学部教授林俊郎氏である。

二〇〇四年の春、この本の中に私を揶揄嘲弄し、誤解を与えかねない記載が数か所にあることを、友人から知らされた。実はそれまで、この本のことすら知らなかった。

まず、問題の箇所を抜粋して、列記すると次のようになる。

一　アトピー誘発説も登場

所沢の「新生児死亡率の増加」告発とマスコミ用語「環境ホルモン」の誕生に続いて、国じゅうを揺るがす「ダイオキシン被害」の報告があった。日本のダイオキシン汚染は世界一になり、「厚生省の全国実態調査によると、新生児のほぼ七％が胎内でダイオキシンを浴び、生まれながらのアトピー児になる」という話である。

母体にたまったダイオキシンが胎盤《たいばん》からどんどん胎児に移り、免疫系を狂わせてアトピー性皮膚炎を起こすというのだ。そんな話を聞いた若い夫婦は、子どもをつくる気がなくなっても

図Ⅱ-1　母乳哺育・人工乳哺育とアトピー性皮膚炎発症

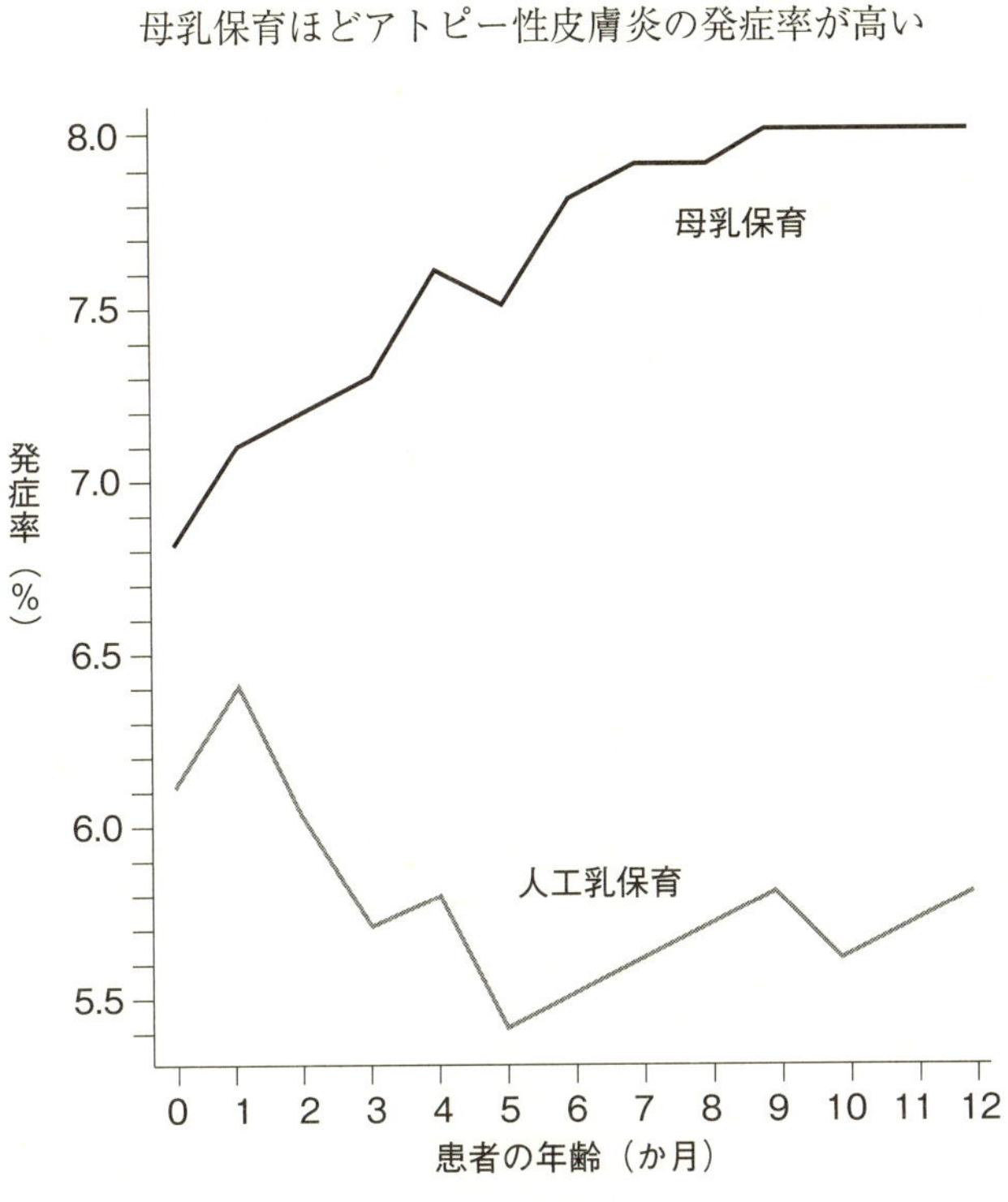

母乳保育ほどアトピー性皮膚炎の発症率が高い

図作成）ダイオキシン問題を考える会
原資料）「平成4年度アトピー性疾患実態調査報告書」（厚生省児童家庭局）

当然だろう。

宮田氏の「母乳はアトピー児をふやす」発言、長山氏の「母乳では子どもを育てられない」発言も、産科医療の現場を混乱させ、母乳哺育《ほいく》をやめる母親を続出させたという。それまで母乳を与えてきたが、わが子に手ずから猛毒を飲ませてしまったと悔やむ母親も当時ずいぶんいたらしい。

アトピー説が書籍に初登場したのは一九九七年の七月だった。小型焼却炉を全廃せよと埼玉NGOに叫ばせたのも、この情報ではなかったか。

アトピー児が現にふえているという状況のもと、原因が特定されていないだけに真実味があり、さらには「厚生省の実態調査によれば」という枕ことばが説得力を増した。次代を担う子どもがあぶない……といった意識が国民の思考を停止させ、「ダイオキシン法」に向けた「国民的合意」の形成にも一役かったと想像される。

二　胎内曝露が新生児をアトピーにする?

宮田・長山両氏ほか六名を発起人として埼玉に本部をおくNPO（非営利組織）が、図6―5（注：本書では図Ⅱ―1）のグラフをつくり、「厚生省の調査班によるアトピー性皮膚炎の全国実態調査によって、全国で誕生する乳児のおよそ七%が先天的アトピー児となって誕生し、さらに母乳哺育がアトピー患者を増加させていることが明らかにされた」と、ダイオキシンの

「新しい害」を告発した。

宮田氏は、「母乳がアトピー性皮膚炎の発症率を二%くらい高めたと考えられる。しかし、出生時の六~七%に比べると、この上昇率は明らかに小さく、むしろ出生前の発症率のほうが、より重視される」とも述べている。

わかりやすいグラフに加え、「厚生省研究班の全国調査」というお墨つき、さらには告発者の知名度が話に真実味を与え、いっとき国じゅうを混乱に陥れた。

だが、わが国で誕生直後にアトピーと診断された新生児は一例たりとも存在しない。日本母乳の会 運営委員長であり、聖マリア病院母子総合医療センター長の橋本武夫氏も「ダイオキシンによる先天性のアトピー児などは、私が新生児医療にたずさわって三〇年以上にもなるが、いまだかつて遭遇したこともない」と断じる。

では図6―5はどのようにしてできたのか？　これについては旧著でくわしく解剖したので、ご関心の向きはそちらをお読みいただきたい。ポイントは「研究者が厚生省のデータをうっかり（?）読みちがえた」のひとことに尽き、なんともお粗末な話だった。なにげない石ころの画像にも人面を見てしまう心霊写真の世界に似て、思いこみはなんともこわい。

三　油症患者に多い肝がん死

ひところダイオキシンの発がん性が話題になり、「油症患者はダイオキシン類でがん死した」

と言う環境ジャーナリストもいた。ダイオキシン類は本物の発がん物質ではないけれど（一〇九ページ）、油症患者はどうだったのか。患者一八一五人を追跡した結果を眺めよう。

まず全がん死の実数は、男性が四五、女性が一三だった。全国平均に比べると男性は一・五五倍でも、女性は〇・六八倍でしかない。油症研究班がなぜか男性の値だけを「統計的に有意」と発表したため、「ダイオキシンはがん死を五割もふやした」と言う人もいたのだが、はたしてそう断定していいのだろうか？　それはともかく――

うち肝がんで亡くなった患者は、男性が一二人で、女性が三人。全国平均と比べれば男性は三・三六倍、女性は二・二六倍だから、実数はたいへん小さいものの、とにかく肝がんが多い。なお、長山氏が「油症患者の肝がん死亡率は五・六倍」と書いた根拠は見つからなかった（まさか、男性の三・三六倍と女性の二・二六倍を足したわけでもあるまいが）。

いま日本人男性のがん死因は、①肺がん②胃がん③肝がんの順で、油症患者は①肝がん②胃がん③肺がんとなる。長らく一位だった胃がんを肺がんが抜いたのは九三年だから、油症患者の死亡統計期間（七〇～九〇年）に胃がんが肺がんより多いのはいいとしても、肝がんの多さには目を引かれる。油症患者にかぎって、なぜ男女とも肝がん死が多かったのか？

日本人の肝がん発症率は先進国のうち抜きん出て高く、油症患者はさらにその何倍も高かった。理由は、肝がんの成因を考えれば推測できる。

かつて連想された「アルコール」と肝がんはまず関係がない。肝がんリスクの高い集団は、

B型・C型肝炎ウィルスのキャリアである。日本では二種のウィルスが肝がん因の大半を占め、とくにC型肝炎ウィルス（HCV。八〇年代までは「非A非B型」と呼ばれた）が全体の八〇%以上を引き起こす。肝がんは、こうしたウィルスに感染しなければまず発生しない。

これに対し、私は著者に抗議した。一方で、名誉毀損で訴えられないか、弁護士にも相談した。

二〇〇四年六月のことだ。

私の抗議は以下の三点である。

(1) 私は一度も「母乳では子供は育てられない」という発言はしていない。それなのに、そう言うのであれば、その証拠を示してほしい。

(2) 私は一度もダイオキシンがアトピーの原因とは言っていない。それなのに、そう言うのであれば、その証拠を示してほしい。

(3) 油症患者の肝ガン死亡率の記述で、自分の無知を棚に上げ、私を誹謗中傷している。

これらの抗議を日本評論社第四編集部佐藤大器氏に宛て、六月十七日にメールで送った。すると、問題の部分を書いたのは林俊郎氏なので、林氏からの回答をもらい、それをもう一人の著者の渡辺正氏にも確認してもらった、ということで、六月三十日、回答文が返信されてきた。

まず(1)の抗議に対する回答。

この部分は長山先生が監修をされた『ダイオキシン汚染列島日本への警告』（以下『汚染列島』と省略）の中見出しの一節「母乳を飲んだ赤ちゃんは無事に育たない⁉」（二十頁より引用）に（増刷の折）改めさせていただきます。

たしかに厳密な記述に欠けました。この点は反省しております。しかし、先の『汚染列島』は、冒頭に衝撃的なグラフを示し、「これを見ると、ちょっと驚かれたでしょう。」と読者が一目で中見出しの重大性「母乳を飲んだら赤ちゃんは無事に育てられない⁉」を想起させるような構図になっております。

また、「世界保健機関などでは、『子どもは母乳で育てましょう』とさかんに指導していますが、そうするとアトピー性皮膚炎の発症率が際だって高くなるのです。」と説明されています。この一節も、「母乳で子供を育てられない」とほぼ同様の内容を包含していると考えます。

拙著『ダイオキシン』の記述「母乳では子供を育てられない」は厳密的には正しいものではありませんが、訂正させていただきます引用文「母乳を飲んだ赤ちゃんは無事に育たない⁉」とほぼ同じ意味・内容を読者に与えていることになると考えます。

私は現在でも、自分では一度も「母乳では子供は育てられない」とは言っていない。しかし、私が監修した『ダイオキシン汚染列島日本への警告』（かんき出版、一九九七年刊）の中の中見出しに『母乳を飲んだ赤ちゃんは無事に育たない⁉』という文章があった。

また、WHOはさかんに母乳哺育を奨励しているのではない。そのメリットとデメリットを勘案すれば、メリットのほうが多い、と考えているだけだ。しかし、明確な研究データがあるわけではない。

この『ダイオキシン汚染列島日本への警告』の原文はすべて、『ダイオキシン問題を考える会・Dネット』事務局長の高山三平氏が書いた。

原文は実際に出版された文面よりも、数段過激だった。それで、私は数回に渉《わた》って、書き直した。にもかかわらず、こういう文章が残っていたのか、と残念に思う。しかし、この部分に注意がいかないくらい、問題に感じるところが多々あった。

私は安易に監修を引き受けるべきではなかったのだが、当時は、皆がダイオキシン問題を真剣に考えている、と思っていた。

このことは、二番目の抗議でも言える。というのは、母乳哺育が人工乳哺育よりもアトピー性皮膚炎の発症率を高める、という問題のグラフにも、高山氏が深く関わっているからだ。

その回答を次に記す。


拙著『ダイオキシン』には、長山先生が「ダイオキシンがアトピーの原因」と述べられた、という記述はありません。百八十五頁の後ろから三行は、宮田先生らがこれまでに先のグラフの解析にあたって述べてこられたことを紙幅の都合上総括的に要約したものです。たしかに厳密な記述ではないことから、増刷の折に引用文献番号の㈥を削除させていただきます。また、冒頭（同頁後ろから四行目）の「宮田・長山両氏ほか六名を発起人として」の部分を削除することも考えております。

長山先生は、「ダイオキシンがアトピーの原因とは言っていない」と抗議されました。しかし、ここでは先にも述べましたように貴組織の総括的見解を読者に分かりやすく示したもので、長山先生の見解が厳密に記述されたものではないことから腹立たしいものがおありと存じます。

宮田氏はこのグラフの解析で「何故生まれながらの新生児に六％ものアトピー性皮膚炎が存在するのか。胎盤経由のダイオキシン類の影響が免疫細胞の比率をアトピー型に変化させた事に依って現れたと考えています。新生児期に飲むダイオキシン類の影響が追い討ちをかけていますが。」と説明し、ダイオキシン曝露がアトピー発症の要因である可能性を明確に打ち出されています。

また、貴組織の元事務局長高山氏は、「アトピー性皮膚炎の研究が、「ダイオキシン類こそアトピー性皮膚炎の主因である」という仮説をもたらしました。」と記述しています（高山三平著『ダイオキシンの恐怖』四十四頁、ＰＨＰ研究所、一九九八年刊）。

長山先生は、「この図では次の二点に注目します。まず、生後一か月以内に六〜七％の新生児がアトピー性皮膚炎と診断されていることです。このことは胎児期に母体から免疫系への悪影響を受けている可能性を示唆しています。次に、母乳哺育では哺育期間が長くなるにしたがって、アトピー性皮膚炎の発症率が高くなるのに、人工乳哺育では哺育期間が長くなるにしたがって、発症率が低下する傾向にあるということです。」と記述されています。そして、「これはダイオキシン類による人工乳汚染レベルが母乳の十分の一以下であることが原因であるかもしれません」、「母乳に含まれる危険な化学物質のなかで、いちばん危険度の高い物質がダイオキシンであり、人工乳のダイオキシン濃度は母乳の十％ほどしかないことがわかっています。」と、アトピーとダイオキシンの関連を示唆されています。

拙著の記述は、このような三氏の論説を要約したもので、長山先生の発言に限定したものではないことをご了解いただきたいと存じます。

ところで、「訂正したものを論文等で発表している」とは、どのような意味でしょうか。訂正された論文とはどのようなものでしょうか。何を訂正されたのでしょうか。

実は、長山先生が、アトピーと母乳（ダイオキシン）との相関説を訂正される、例のグラフが誤りであることを明言されるという噂が産科医療関係者の間で流れたことがあります。産科医療の現場は当時ひどい状態に陥り、母乳哺育を推進されてきた橋本武夫氏や本郷寛子氏などはことのほか危惧されていましたから、訂正論文を期待して待っておられました。

まもなくして、長山先生による「ダイオキシン類と農薬による母体汚染」というタイトルの訂正論文が『周産期医学』に掲載されました。しかしこの内容は、「農薬による汚染レベルは、……中略……ダイオキシン類よりもかなり高いレベルでヒトを汚染している……」と書かれ、ダイオキシンが農薬類にすり替えられた感にありました。そして、問題の図（注：図Ⅱ―1）は、棒グラフに改められ、「六～七％の乳児が生後三～四か月でアトピー性皮膚炎と診断されており」と一か月未満が三～四か月に改められておりますが、「大部分の影響は胎児期に受けている……」と記述されていました。ダイオキシンがその他一般の農薬類に置き換えられただけで相変わらずの母乳恐怖の主張に、産科医療関係者の憤りは大きなものがあったことを付言したいと思います。

問題のグラフ

あれは一九九六年だったと思う。私は最初、高山氏から、問題のグラフ（図Ⅱ―1）の元になるデータ表のコピーを見せられた。

それから、高山氏は言った。

「これは厚生省の母子衛生課が平成四年に行ったアトピー性疾患実態調査の結果です。この表の数値からグラフを書くと、こうなります」

そう言って、問題のグラフを私の目の前に、差し出した。

そのコピーには、タイトルが『第十三表　乳幼児数及び割合、病型分類・月齢階級・乳児期の栄養方法別』とあり、〇か月から十二か月まで、母乳、人工乳、混合乳哺育別の乳幼児数、アトピー性皮膚炎ありの乳幼児数やその発症率が、細かい字で印刷されていた。

　ところが、しばらくすると、あのグラフはおかしい、と言われ始める。

　そこで、私は厚生省児童家庭局母子衛生課から、平成五年（一九九三年）六月二十五日に発行された『平成四年度アトピー性疾患実態調査報告書』を取り寄せ、詳しく検討した。その結果、私は高山氏が作成したグラフは、その元になったデータの読み方が間違っている、と判定した。

　検討した結果を新しいグラフにして、発表したのが、林氏も言っている『周産期医学』の総説『ダイオキシン類と農薬による母体汚染――胎児と乳児への影響の可能性』である。

　これは同誌の一九九九年二十九巻四百三十一ページから四百三十七ページに掲載されている。また、同じグラフは『産婦人科治療』の二〇〇一年八十二巻『特集産褥』の二十九ページから三十四ページにも載っている。厚生省のデータを説明すると以下のようになる。

　この調査のアンケート調査票によると、問五に『乳児期の栄養方法について、母乳、人工乳、離乳食に分けて各々一か二に〇をつけ、記入して下さい』とある。

　一は有、二は無で、一の場合は（□か月～□か月）となっている。それが、母乳と人工乳それぞれの項にある。

　離乳食の項はここでは関係ないが、一は開始（□か月～）、二は未開始、である。

　この調査は平成四年十月に行われた。問五を含む問一から問十七までは、保健婦が保護者から

表Ⅱ—1．乳幼児健康診査時におけるアトピー性皮膚炎発症状況と月齢毎の哺育法との関係（総数）－抜粋—

第 13 表　乳幼児数及び割合、病型分類・月齢階級・乳児期の栄養方法別

		総数	アトピー性皮膚炎あり					アトピー性皮膚炎なし	不詳
			総数	軽度	中等度	重度	不詳	総数	
総数									
0 か月	母乳	7285	492	295	156	34	7	6787	6
	人工乳	1155	70	46	19	4	1	1083	2
	混合乳	5321	346	216	100	24	6	4968	7
1 か月	母乳	6674	472	279	152	34	7	6196	6
	人工乳	1303	83	51	25	6	1	1218	2
	混合乳	5946	366	234	103	23	6	5573	7
2 か月	母乳	6167	443	256	148	33	6	5720	4
	人工乳	2722	163	100	49	11	3	2555	4
	混合乳	5034	315	208	83	19	5	4712	7
3 か月	母乳	5541	405	233	137	29	6	5131	5
	人工乳	3807	216	129	66	16	5	3586	5
	混合乳	4555	300	202	77	18	3	4250	5
4 か月	母乳	4468	341	192	117	27	5	4123	4
	人工乳	4469	260	153	81	20	6	4204	5
	混合乳	2874	191	136	41	13	1	2679	4
5 か月	母乳	3536	266	150	88	23	5	3266	4
	人工乳	4121	224	126	70	22	6	3892	5
	混合乳	1855	136	96	28	11	1	1715	4
6 か月	母乳	3175	249	140	82	22	5	2922	4
	人工乳	4336	237	135	76	20	6	4094	5
	混合乳	1797	128	92	24	11	1	1665	4
7 か月	母乳	3037	239	136	77	21	5	2794	4
	人工乳	4884	273	161	83	23	6	4605	6
	混合乳	1191	90	67	18	4	1	1098	3
8 か月	母乳	2896	229	130	74	20	5	2663	4
	人工乳	5031	288	173	86	23	6	4736	7
	混合乳	1083	80	58	16	5	1	1001	2
9 か月	母乳	2750	221	126	71	20	4	2525	4
	人工乳	5095	294	175	89	25	5	4794	7
	混合乳	835	58	44	11	2	1	775	2
10 か月	母乳	2574	206	118	65	19	4	2364	4
	人工乳	4913	277	164	84	24	5	4629	7
	混合乳	744	52	40	9	3	-	690	2
11 か月	母乳	2237	179	102	57	16	4	2055	3
	人工乳	4326	245	142	80	18	5	4075	6
	混合乳	502	36	31	3	2	-	465	1
12 か月	母乳	2022	162	92	51	15	4	1858	2
	人工乳	3869	224	130	71	18	5	3640	5
	混合乳	439	35	29	4	2	-	403	1

数値は実数（単位：人）である

		総数	アトピー性皮膚炎あり					アトピー性皮膚炎なし	不詳
			総数	軽度	中等度	重度	不詳	総数	
総数									
0か月	母乳	100.0	6.8	4.0	2.1	0.5	0.1	93.2	0.1
	人工乳	100.0	6.1	4.0	1.6	0.3	0.1	93.8	0.2
	混合乳	100.0	6.5	4.1	1.9	0.5	0.1	93.4	0.1
1か月	母乳	100.0	7.1	4.2	2.3	0.5	0.1	92.8	0.1
	人工乳	100.0	6.4	3.9	1.9	0.5	0.1	93.5	0.2
	混合乳	100.0	6.2	3.9	1.7	0.4	0.1	93.7	0.1
2か月	母乳	100.0	7.2	4.2	2.4	0.5	0.1	92.8	0.1
	人工乳	100.0	6.0	3.7	1.8	0.4	0.1	93.9	0.1
	混合乳	100.0	6.3	4.1	1.6	0.4	0.1	93.6	0.1
3か月	母乳	100.0	7.3	4.2	2.5	0.5	0.1	92.6	0.1
	人工乳	100.0	5.7	3.4	1.7	0.4	0.1	94.2	0.1
	混合乳	100.0	6.6	4.4	1.7	0.4	0.1	93.3	0.1
4か月	母乳	100.0	7.6	4.3	2.6	0.6	0.1	92.3	0.1
	人工乳	100.0	5.8	3.4	1.8	0.4	0.1	94.1	0.1
	混合乳	100.0	6.6	4.7	1.4	0.5	0.0	93.2	0.1
5か月	母乳	100.0	7.5	4.2	2.5	0.7	0.1	92.4	0.1
	人工乳	100.0	5.4	3.1	1.7	0.5	0.1	94.4	0.1
	混合乳	100.0	7.3	5.2	1.5	0.6	0.1	92.5	0.2
6か月	母乳	100.0	7.8	4.4	2.6	0.7	0.2	92.0	0.1
	人工乳	100.0	5.5	3.1	1.8	0.5	0.1	94.4	0.1
	混合乳	100.0	7.1	5.1	1.3	0.6	0.1	92.7	0.2
7か月	母乳	100.0	7.9	4.5	2.5	0.7	0.2	92.0	0.1
	人工乳	100.0	5.6	3.3	1.7	0.5	0.1	94.3	0.1
	混合乳	100.0	7.6	5.6	1.5	0.3	0.1	92.2	0.3
8か月	母乳	100.0	7.9	4.5	2.6	0.7	0.2	92.0	0.1
	人工乳	100.0	5.7	3.4	1.7	0.5	0.1	94.1	0.1
	混合乳	100.0	7.4	5.4	1.5	0.5	0.1	92.4	0.2
9か月	母乳	100.0	8.0	4.6	2.6	0.7	0.1	91.8	0.1
	人工乳	100.0	5.8	3.4	1.7	0.5	0.1	94.1	0.1
	混合乳	100.0	6.9	5.3	1.3	0.2	0.1	92.8	0.2
10か月	母乳	100.0	8.0	4.6	2.5	0.7	0.2	91.8	0.2
	人工乳	100.0	5.6	3.3	1.7	0.5	0.1	94.2	0.1
	混合乳	100.0	7.0	5.4	1.2	0.4	-	92.7	0.3
11か月	母乳	100.0	8.0	4.6	2.5	0.7	0.2	91.9	0.1
	人工乳	100.0	5.7	3.3	1.8	0.4	0.1	94.2	0.1
	混合乳	100.0	7.2	6.2	0.6	0.4	-	92.6	0.2
12か月	母乳	100.0	8.0	4.5	2.5	0.7	0.2	91.9	0.1
	人工乳	100.0	5.8	3.4	1.8	0.5	0.1	94.1	0.1
	混合乳	100.0	8.0	6.6	0.9	0.5	-	91.8	0.2

数値は割合（単位：%）である

聞き取り、記入する。アトピー性皮膚炎に関する問十八と問十九は医師が記入することになっている。

　この調査に協力したのは、乳児健康診査：四千六百六十一名、一歳六か月児健康診査：四千八百三十三名、三歳児健康診査：四千四百五十名。総数は一万三千九百四十四名である。

　私が高山氏から見せられたデータ表は、この総数での調査結果だった（表Ⅱ―1）。

　だから、この表は生後三～六か月の乳児健康診査、一歳六か月児健康診査および三歳児健康診査の各時点での、生後〇か月（出生月）から十二か月までの母乳、人工乳、混合乳哺育別の児数と各健康診査時にアトピー性皮膚炎と診断された児数およびその率が、生後の月齢別にクロス集計されたものだ。

　私はこのことを二〇〇七年三月十二日、この調査の責任者だった参事官上家和子氏から確認した。

　この説明を読んで、すぐに理解できる人が何人いるだろうか。ほとんどいないのではなかろうか、と私は思う。それほどに複雑な集計データと言ってもいい。もう少し説明しよう。

　たとえば、三歳児健康診査の時点で、生後〇か月での有様を考えてみる。

　三歳児健康診査受診児四千四百五十名の内、生後〇か月で母乳、人工乳、混合乳哺育だった児数はそれぞれ、二千五百十七名、三百九十九名、一千四百七十四名だ。

　この合計は四千三百九十名で、全受診児の四千四百五十名よりも少ない。

ということは、六十名の子供の保護者から、この部分の回答が得られなかったか、あるいは入力ミスか、ということになる。

そして、各哺育グループで、三歳児健康診査時にアトピー性皮膚炎と診断された児は、それぞれ二百十名、二十八名、百十六名であり、率にすると、八・三パーセント、七・〇パーセント、七・九パーセントになる。

同じパターンの集計を生後十二か月まで行い、まとめたのが、三歳児健康診査での結果である。これと同じことを、乳児健康診査、一歳六か月児健康診査でも行った。

それらを全部合わせると、一万三千九百四十四名全体の結果が得られる。

高山氏が私に示したのは、この全体のデータであり、それを各哺育期間での哺育グループ別のアトピー性皮膚炎発症率と、誤って解釈して作成したグラフだった。

その表だけを見れば、高山氏でなくても誰でも、そのように考える、と思う。

私もそのように解釈してしまったのだ。

厚生省の報告書を、よく理解してから発言してほしい

渡辺氏と林氏の『ダイオキシン　神話の終焉』には、林氏が旧著（『ダイオキシン情報の虚構』健友館、一九九九年刊）でこのグラフが事実無根だ、と証明してある、としている。しかし、ク

ロス集計ということが分かっていないので、完全に正しくはないが、授乳期間とアトピー性皮膚炎発症の関係を示したデータ表でないことには言及していた。そして、それを読んだ中西準子氏が、二〇〇〇年九月十八日付の自身のホームページに載せた文章を転載している。

その一部を再度、以下に記すと、

ひとつだけ例を示すと、こうだ。

三歳児検診を受けたのは、四三九〇人……。このうち、アトピー性皮膚炎（ＡＰ）と診断されたのが三五四人で、八・一％

〇ヶ月で母乳の人は、二五一七人でＡＰが二一〇人で、八・三％

六ヶ月母乳授乳が続いたと思われる児が一五四〇人で、ＡＰが一五六人の一〇・一％（若干の仮定あり）。……たいした差ではないが、少し差がある。

となっている。三歳児健康診査を受けたのは四千四百五十名だから、この書き出しの時点で、すでに誤っているし、この表は授乳期間とアトピー性皮膚炎との関係を示したものではないので、表の見方そのものが間違っている。

厚生省のデータ表によると、月齢毎に総児数が増減している。これは、その月齢毎に回答した保護者の数が違っているからで、そのことの意味が正しく理解できていないと、やはり、このデ

図Ⅱ-2　哺育法別の乳児数とアトピー性皮膚炎発症児数の推移

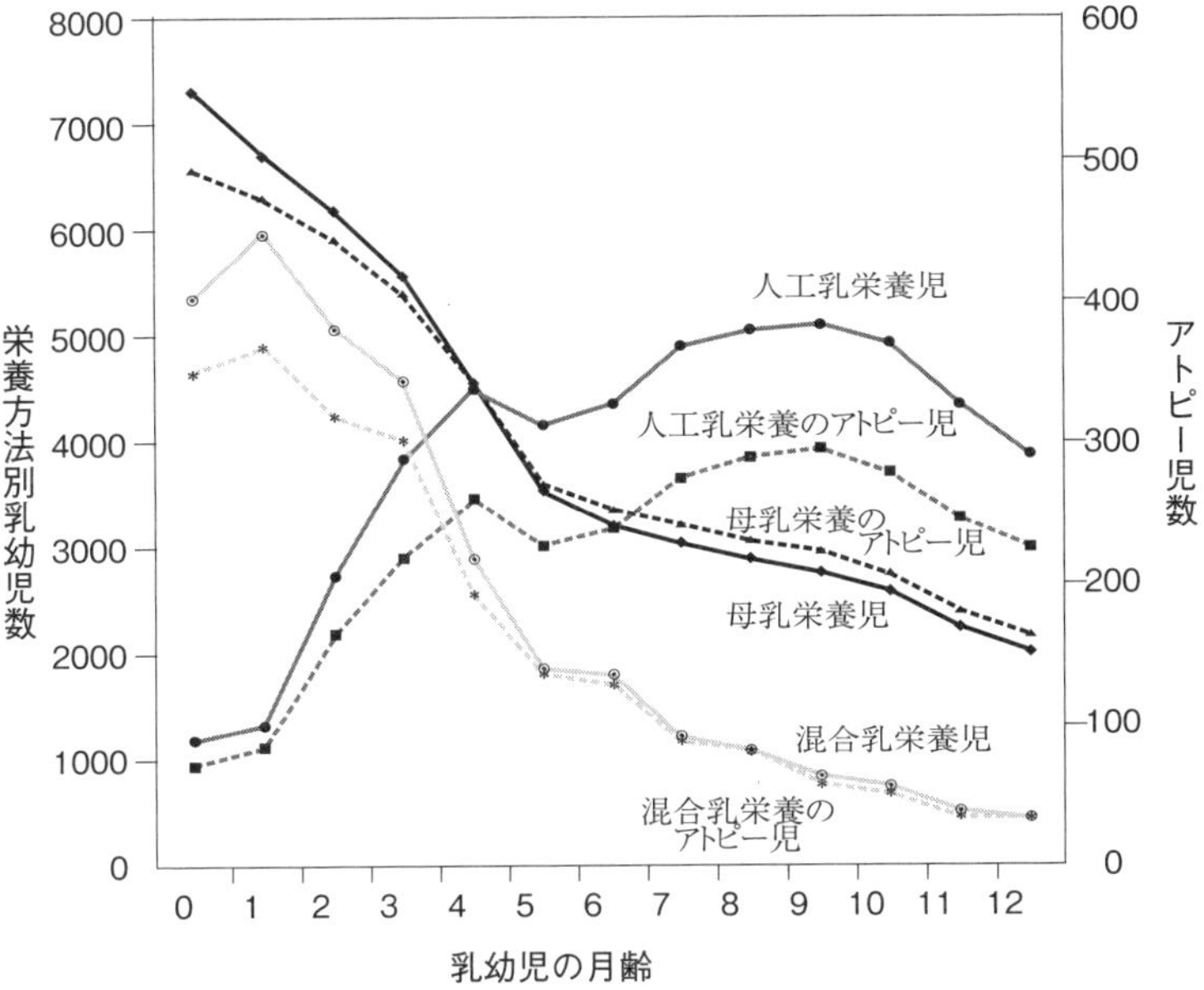

ータの解釈を間違う。

そういうことを考慮すると、林氏の旧著を読んでも、この程度しか理解できない中西氏も然ることながら、林氏は一体、何を事実無根だ、と証明したのだろうか。

さらに中西氏のホームページは続く。

> ところが林さんは、ここが違うという。そこが、私もこの本ではじめて知ったことだ。林さんはこう言う。母乳から、或いは混合乳から、どんどん人工乳に切り替わる。そのとき、アトピー児を持つ親は、できるだけ母乳でがんばろうとする。……重症児の親ほど母乳にこだわっている。母乳だから

重症ではなく、重症児が残るから、母乳を続けるとアトピーが増えるように見える。

確かに、そうだ、結果と原因をどう区別できるのかという疑問があるだろう。厳密には、その区別は難しい。ただ、ここは、数値の大きさから、林さんの言うことが正しいようだ。そもそも厚生省の研究計画……が甘い。何を証明したいかわからない。

厚生省の報告書には、林氏が言うようなことはどこにも書かれていないないし、関連する調査項目もない。データ表を見ても、そのようにはなっていない。

私は林氏の説を検証するために、林氏の旧著を古本屋で購入し、調べてみた。この問題に関連する部分は「濃縮化現象と希釈化現象」の項で次のように記述されていた。

ＮＰＯ（注：民間非営利組織のことで、ここでは高山三平氏が事務局長を務めた「ダイオキシン問題を考える会・Ｄネット」を指している）がグラフ化した内容（注：図Ⅱ―1）がいかに誤っているか、いかに人々に誤解を植え付けるものであるか、より具体的に理解していただくために、再度図12（注：本書では図Ⅱ―2）を見て下さい。

○か月から五か月にかけて急激な母乳栄養の放棄が起こっています。母乳栄養児の減少に比べてアトピー数の減少は多少穏やかです。すなわち、ＮＰＯのグラフは、母乳栄養の継続によってアトピーが増えるという印象を人々に与えますが、真実は母乳栄養を放棄する割合ほどに、その集団でアトピーの減少が起こっていないことを意味しているのです。

以上から次のようなことを推定することができます。

①月齢を重ねるに従い、母乳栄養児のアトピー比率が高まる現象は、アトピーに罹っていない母乳栄養児が主に人工栄養に切り替えていることによるものである。

②同様に、人工栄養でアトピー比率が低下する現象は、アトピーに罹っていない母乳栄養児や混合栄養児が人工栄養に切り替えてくることによる見掛け上のことにすぎない。

この現象を、冷却管でつながった二つのフラスコの中に入れられた海水の塩分濃度にたとえることができます。一方のフラスコを加熱すると、加熱された方の塩濃度は水分が蒸発して濃縮されて高まり、もう一方は他方から蒸発した水分が冷却されて蒸留水となって滴下してくることによって濃度が薄まる現象です。

母乳栄養で、アトピーの比率が増加する現象は海水を煮立てて濃度を増す濃縮化現象、一方、人工栄養で、アトピーの比率が低下する現象は、海水を真水で薄める希釈化現象、いずれも濃度は変化しても塩の量そのものは変化していないとたとえることができます。ただし、この塩（アトピー）は本物の塩とは異なって、他方のフラスコに移動するが、その割合は真水ほどではないということが言えます。

私は図Ⅱ—2を見て、林氏のようには思わなかった。たしかに、最初の三か月は母乳哺育（母乳栄養）児数の減少に比較して、母乳哺育グループのアトピー性皮膚炎発症児数の減少は多少緩やかかもしれないが、ほとんど差はない、と考えた。それを殊更、前記のように考えるのは、こじつけとしか思えない。

そして、それを塩水の濃縮化現象と希釈化現象で説明しようとする。この濃縮化現象を証明するために、図Ⅱ―3（林氏の旧著では図14）を示し、次のように記している。

これを見れば一目瞭然でしょう。アトピーを患わなかった乳児の母乳放棄が七二・六％と最も高いのです。そして、軽度のアトピー六八・八％、中程度のアトピー六七・三、重度のアトピーが数こそ少ないものの五五・九％となっているのです。

すなわち、アトピーを患わない母乳栄養児が大量に人工乳へなだれ込むことによって、必然的に人工栄養児のアトピー比率が低下するのです。一方、母乳栄養児では、アトピーを患わない乳児が人工乳に移動することによって、次第にアトピー比率を高める見掛け上の現象が生じているだけなのです。

真の母乳放棄率を求めるためには、〇か月における総数から乳児検査数を引いた数を分母として計算すればできますが、傾向は図14と同じです。

私は母乳放棄という言葉そのものに違和感を覚えるが、もう少し、正確に林氏の説を検証して

図Ⅱ-3　母乳哺育グループにおける母乳哺育減少率とアトピー性皮膚炎重症度の関係

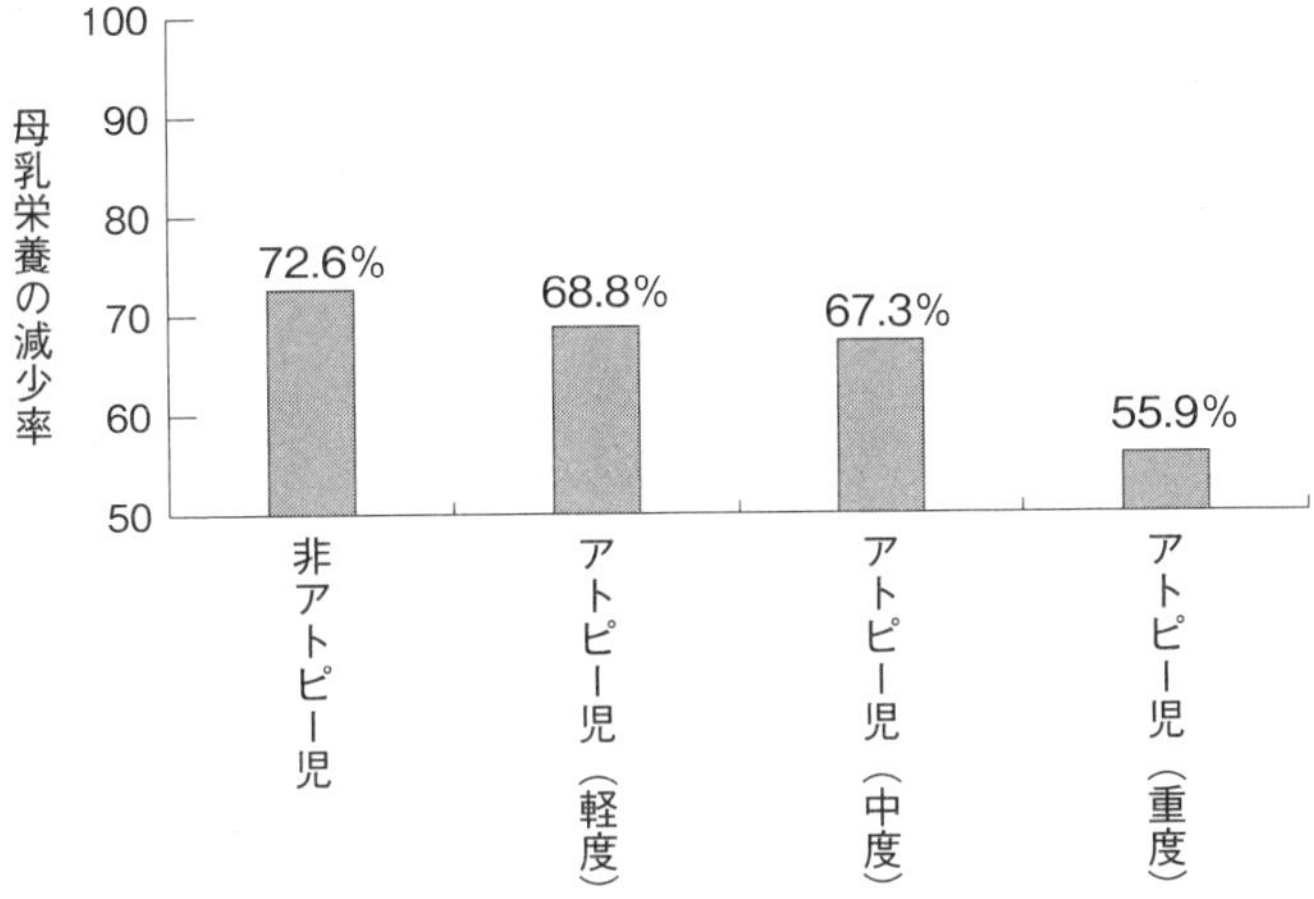

みる。

ここで引用した最後の部分にもあるように、乳児健康診査は月齢三〜四か月に行われる。すると、表Ⅱ―1の月齢〇か月のデータにはこれらの乳児が含まれるが、月齢十二か月のデータには含まれない。したがって、月齢〇か月と十二か月の母乳哺育減少率を比較するには、この乳児健康診査の部分のデータを除去せねばならない。

本書には掲載してないが、平成四年度の厚生省の調査データによれば、乳児健康診査における月齢〇か月の母乳哺育グループでは、アトピー性皮膚炎なし（非アトピーグループ）が二千五十六名、アトピー性皮膚炎あり（アトピーグループ）のうち軽度が九十一名、中等度が五十二名そして重度が六名となっている。

表Ⅱ―1における月齢〇か月の母乳哺育グループの各々のデータから、これらの数値を差し引くと、非アトピーグループが四千七百三十一名、アトピーグループのうち軽度が二百四名、中等度が百四名そして重度が二十八名となる。

図Ⅱ―3において、林氏は母乳哺育の減少率を表Ⅱ―1を用いて、次のように計算している。たとえば、重度グループの場合、月齢〇か月での母乳哺育の児が三十四名で、月齢十二か月では十五名になっている。したがって、月齢〇か月から十二か月まで、母乳哺育を継続したのは三十四名中十五名と考えて、四四・一パーセントとした。そういうことで、母乳哺育が継続できなかったのが五五・九パーセントになるとして、図Ⅱ―3の数値が算出された。この算出方法は他のグループでも同様である。

表Ⅱ―1のデータが追跡調査ではなく、クロス集計の結果だから、こういう計算の仕方そのものにも問題があると思うが、ここでは百歩譲って、同様の計算をしてみる。

すると、非アトピーグループ、アトピーグループの軽度、中等度、重度の各グループにおける母乳哺育減少率は、それぞれ六〇・七パーセント、五四・九パーセント、五一・〇パーセント、四六・四パーセントとなる。図Ⅱ―3の結果とほぼ同様の傾向になるが、非アトピーグループと重度グループの減少率はより接近し、大した違いではなくなる。

ここでもう一つ問題がある。それは重度グループの人数がとても少ないことだ。ここでもし、月齢十二か月の十五名が三名少なくて、十二名だったとすると、その減少率は五七・一パーセントとなり、非アトピーグループとほぼ同じになる。逆に、三名多くて、十八名だったら、三五・

七パーセントになり、さらに母乳に固執したような結果となる。

データの数が少ない場合には、偶然にどちらの結果にもなるのであって、その評価に際しては慎重であらねばならない。統計解析もしないで、「一目瞭然でしょう」はないだろう。

このようなことから、私はここでは林氏の濃縮化現象の考えは適用できないと考える。

それでは、もう一方の希釈化現象についてはどうであろうか。母乳哺育グループのときと同じように、乳児健康診査時の人工乳哺育グループにおける月齢〇か月での非アトピーグループ二百六十六名、アトピーグループのなかの軽度十二名、中等度四名、重度〇名を表Ⅱ―1の月齢〇か月における各グループの人数から差し引いて、ここでも百歩譲って同様の計算をしてみる。

人工乳哺育の場合には月齢とともにアトピー性皮膚炎発症児の数が増えるので、その増え方が重症度に依存して減少するかどうか、ということが問題になる。

結果は非アトピーグループが四・五倍、軽度グループが三・八倍、中等度グループが四・七倍、重度グループが四・五倍となり、軽度グループの増加率がやや低いけれども、各グループで大きな相違はない。つまり、彼の論理に従えば、アトピー性皮膚炎発症児の母親が母乳哺育に固執し、人工乳哺育を避けているとは言えないのであり、希釈化現象の影も形も見えないのである。

以上のことから、私は林氏の説がおかしいことが証明されたと考える。

母乳の栄養上の問題から、生後四か月くらいから、離乳食を始めるし、人工乳に変えたりする。ただ、それだけのこととしか思えない。

それに、アトピー性皮膚炎の発症時期が母乳哺育中とは限らない。

林氏の言うことが正しければ、両グループのアトピー性皮膚炎発症率には、もっと大差がついているはずだ。数値の大きさから言えば林氏の説は間違っている、と考えるのが普通だろう。

林氏にしても、中西氏にしても、空想で話の辻褄合わせをしている、としか考えられない。

本書の第四章『ある名誉毀損裁判』で問題となる中西氏のホームページ上の「新聞やTVの記事ではなく、自分で読んで伝えてほしい。でなければ、専門家でない」という言葉を、中西氏は一体どのように考えているのだろうか。

林氏の本ではなく、厚生省の報告書を読み、よく理解してから、発言してほしい。でなければ、専門家でないのは中西氏自身ということになる。

実際にデータがそのようになっていればそう言わざるを得ない

それはさておき、私は厚生省の『アトピー性疾患実態調査報告書』のデータ表を詳しく調べてみた。すると、月齢毎に記載されている各哺育グループの乳児数とアトピー性皮膚炎発症児数の両方が増減する。つまり、各グループの分母と分子は月齢毎に独立して、変動している。

そのようなデータで構成された資料から、哺育法別のアトピー性皮膚炎発症率を計算するには、どうすればいいのか。しばらく、考えた。そして、月齢毎に哺育法別のアトピー性皮膚炎発症率を算出すると、そ

図Ⅱ-4　乳児（生後3〜4ヵ月）健診、1歳6ヵ月児健診および3歳児健診における母乳、人工乳あるいは混合乳哺育とアトピー性皮膚炎発症率

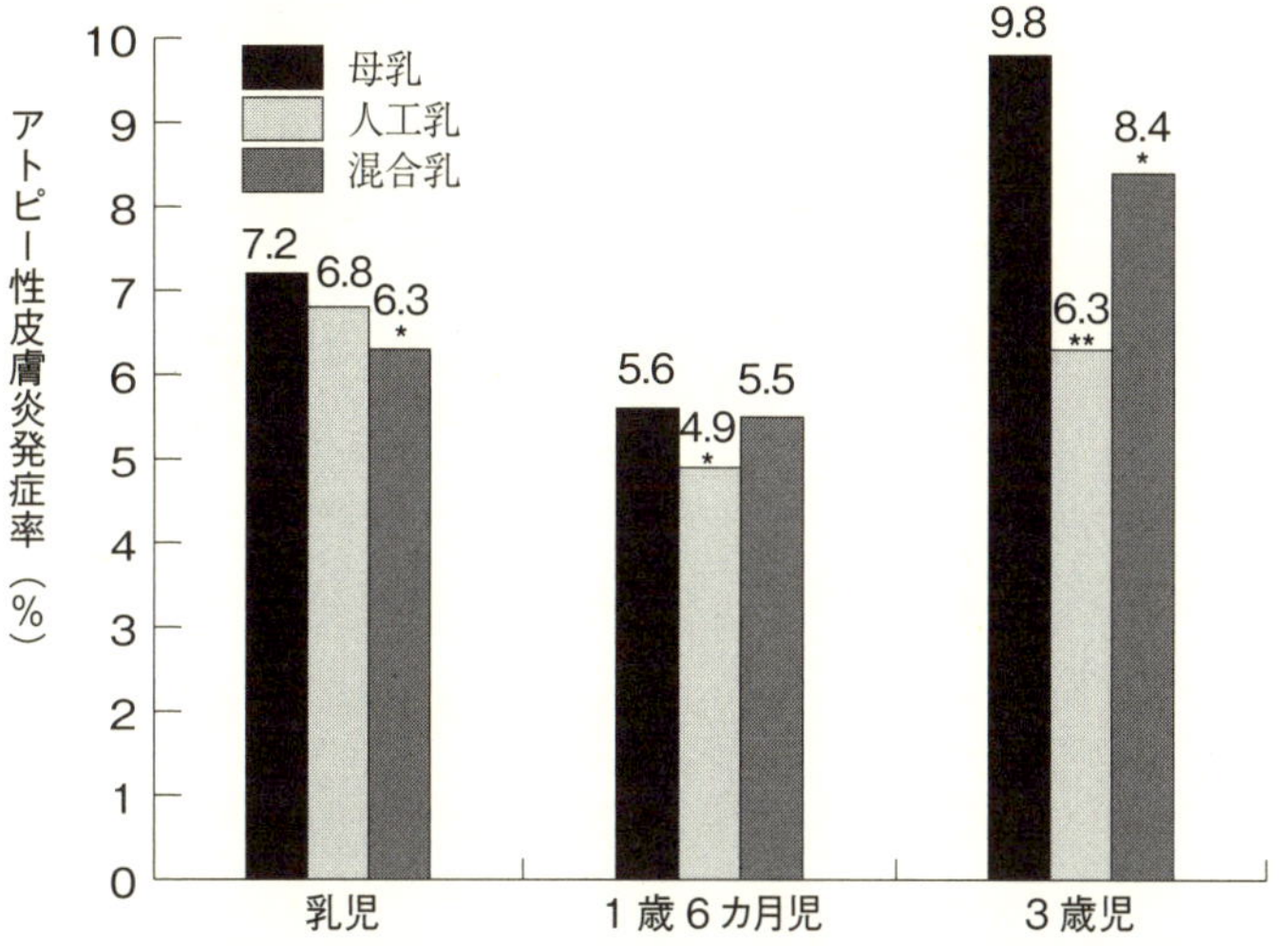

*、**は統計学的な有意差を示す
（平成4年度アトピー性疾患実態調査報告書〈厚生省児童家庭局〉のデータの一部を筆者が作図した）

の平均値がそれぞれの哺育法全体の発症率と見做せるのではないか、というアイデアに至り、その結果を発表した。これが図Ⅱ—4である。

これが訂正内容であり、一九九九年の『周産期医学』の総説である。

その結果を簡単に説明すると、次のようになる。

乳児健康診査では、アトピー性皮膚炎発症率は混合乳、人工乳そして母乳哺育の順で高くなり、六・三パーセントから七・二パーセントの範囲にある。

生後三〜四か月というとても早い時期に、アトピー性皮膚炎を発症するのは愕きであるが、母乳の影響とは考えにくい。すると、胎児期にす

でに生後、この病気を発症するタイプの影響を免疫系が受けていたことになる。

この頃になると、母体を汚染しているダイオキシンや有機塩素系農薬など、残留性、蓄積性有害物質の影響研究は乳児から、さらに感受性の高い胎児に移っていた。当時、大阪医大小児科の研究でも、原因は不明だが、胎児の免疫系がおかしくなっていることが指摘されている。

一歳六か月児健康診査では、アトピー性皮膚炎発症率はいずれの哺育グループでも、乳児健康診査の場合よりも低下しており、低い方から順に、人工乳哺育：四・九パーセント、混合乳哺育：五・五パーセント、母乳哺育：五・六パーセントとなっている。

乳児も一歳六か月児も三歳児も、まったく関係がない四千五百人ほどのグループだから、こういうこともあり得る。

ところが、三歳児健康診査では、哺育法の違いによる発症率の差が顕著になる。人工乳哺育が最低で六・三パーセント、次が混合乳哺育で八・四パーセント、そして母乳哺育が最高の九・八パーセントであった。

乳児健康診査での結果と合わせて考えると、免疫系への大部分の影響は胎児期に受けているようだが、今回の解析でも、母乳哺育、すなわち母乳に含まれる何らかの因子がアトピー性皮膚炎の発症に追討ちをかけているように見えた。

だから、大方の影響は胎児期に受けているとしたのであり、母乳恐怖の主張ではない。

そして、そのような因子の一つとして、免疫系への影響が強いダイオキシンや有機塩素系農薬も考えられる、としたのである。現に、一九七〇年代の初めには、ＤＤＴやＢＨＣという有機塩素系農薬による母乳汚染が問題となり、授乳が禁止された。その頃生まれた乳児は皆、人工乳で育てられたのだ。

この解析結果では、折れ線グラフが「棒グラフに改められ」ているが、「相変わらずの母乳恐怖の主張」は何も変わっていない、と林氏は言う。しかし、中味は全然違うのだ。この新しいグラフについても林氏は旧著で事実無根だと批判しているが、笑止千万である。

林氏や臨床現場の方々の期待に応えられず、私としても残念ではあるが、実際のデータがそのようになっていれば、そう言わざるを得ない。

肝ガン死亡率で林氏が謝罪

母乳哺育とアトピー性皮膚炎発症の部分が長くなってしまった。ここで三つ目の抗議、油症患者の肝ガン死亡率の問題に移る。この抗議に対する林氏の回答は次のようだった。

この点は、抗議されても致し方ないと反省しております。とくに、括弧書きの一節は私の本意ではありませんが、私の調査不足がもたらしたものです。そこで、増刷の折に次のように訂正させていただきたいと思います。併せて「あとがき」でも一言お詫びを申し上げます。

本文中にある○の文章を削除し、新たに●の文章を追加します。

○なお、長山氏が「油症患者の肝がん死亡率は五・六倍」(15)と書いた根拠は見つからなかった(まさか、男性の三・三六倍と女性の二・二六倍を足したわけでもあるまいが)。

●なお、本著のこれまでの版では「長山氏が『油症患者の肝がん死亡率は五・六倍』(15)と書いた根拠は見つからなかった」とあったが、これは六十八〜八十三年の中間報告からの引用であった。文言に失礼な部分があり、これを謝して、訂正させていただく。

このような記述に誤りがあったことについて、一言弁明させていただきます。油症の総括的な研究は九十年三月をもってひとまずは終えたようですが、貴著『しのびよるダイオキシン汚染』は初版が九十四年であり、この時点で九十年代までの最終調査結果が出ていたと思われます。少なくとも油症研究の先端におられる先生ならば最新の情報は入っていたのではないでしょうか。また、貴著は重版を重ねておりますがそのほとんどは九十七年以降と思われます。しかしこの時点では英文の『YUSHO』が刊行されて一、二年も過ぎております。なぜ、最新の情報を掲載されなかったのか、また引用文献を『福岡医誌』と明記されていたらと、この点が悔やまれます。

引用された池田氏らの――予報――(注:前記の『福岡医誌』の論文のこと)の要約には、「男の油症患者に肝がんの死亡が高まっているが、油症のためと断定できない。それは患者の八十六%が福岡県と長崎県の住民であるが、肝がん発生は長崎県に集中しているからである」と記述されています。ところが、『しのびよるダイオキシン汚染』ではこの重大な事実には全く触れられておりません。どうして貴著はこの点を伏せられたまま、「ヒトはダイオキシン類による発がんには感受性の高い動物、つまりがんになりやすい動物であると判断されています。」とも記述され、ダイオキシンの発がん性が強調されています。また、『汚染列島』には「ダイオキシンでガンの死亡率が五十％も増加する」という見出しで、ダイオキシンが最悪の発がん物質であることが強調されております。このような一連の記述を眺めると、先生がダイオキシンの発がん性に極めて大きな危惧の念をもたれて警告を発してこられたことが推測されます。

ところで、肝ガンの地域的偏在は、成人T細胞白血病と共通した要因が関与する重大な問題と考えております。地域的偏在性を考慮すると、油症患者の肝がんによる死亡率は、さらに下方修正されます。そのような背景を伏せられたまま、――予報――のみを取り上げてがん死を強調されたのは何故か、私は自分の無知を棚に上げて疑問に思っている訳です。

私は、この問題について熊本で行われた日本がん予防研究会と日本がん疫学研究会の合同研究会で報告したことがあります。国立がんセンター名誉総長の杉村隆先生から「林さん、よく報告して下さいました」というねぎらいの言葉の後、WHOのIARCの日本代表の専従職員に「それみろ」とダイオキシンをグループ1（注：人に対して発ガン性がある）にしたことへの抗議を行っておられました。一方、私に対して、ある疫学研究者から研究デザインが甘い、油症患者のがん死は、全国レベルではなく地域レベルを標準とした見直しを行っているという発言がありました。そのようなことは当然のことですが、それではなぜことさら油症患者のがん死が過去に強調されたのか、時代はなぜか肝がん死の強調から消滅へと変わっているようです。

○の文章の括弧書きの一節は林氏の本意ではない、と言う。とすると、この部分は渡辺氏の作文ということになる。そして●の文章のように訂正する、と言う。

それはそれとして、林氏の弁明の中の幾つかのクレームについて、少し説明せねばならない。

まず、油症の総括的な研究は一九九〇年三月をもってひとまず終えた、と書かれているが、そのようなことはまったくない。

特に油症患者の死亡調査には、患者のプライバシーが絡む困難な問題が多々あり、現実にはなかなかうまく進まない。この情況は今でも、ほとんど解決されていない。

また、現在の九州大学油症治療研究班では、治療研究を含め、油症研究は今までになく、活発になっている。そして、新しい発見や知見が次々と出ている。

油症を化石として埋没させることなく、重大な歴史の一ページとして、日本人の貴重な遺産として残すための努力が着実に進行している。

遅きに失した、という感は否めない。それでも、我々はベストを尽しているのである。

英文の『ＹＵＳＨＯ』が刊行されたのは一九九六年で、その和訳『油症研究』が出版されたのは二〇〇〇年だ。そこでは、林氏が言うように、油症患者の肝ガン死亡は一般人と比較して、女性が二・二六倍、男性が三・三六倍高くなっている。拙著『しのびよるダイオキシン汚染』（講談社ブルーバックス、一九九四年刊）では、林氏が指摘するように、油症患者の肝ガン死亡は女性が二・九倍、男性が五・六倍で、『ＹＵＳＨＯ』の結果よりも高い。林氏は新しい、低い死亡倍率に訂正しなかったのは、何故か、と非難する。

まず、ここで話さねばならないことは、ダイオキシンの中で最も毒性の高い同族体の場合、一日に体重一キログラム当たり一〇ナノグラム（一ナノグラムは十億分の一グラム）という極めて少量の投与を繰り返すことにより、動物の肝臓や肺、甲状腺などにガンを作る、ということだ。こんな微量で、ガンを作る化学物質はこれまで知られていない。

それに、当時、アメリカのナショナル・トキシコロジー・プログラムの報告書では、人はダイオキシンによる発ガン、特に肺での発ガンに対して高感受性であることが示されている。したがって、ダイオキシンは毒性も発ガン性も共に極めて高い化学物質と考えてよい。

ここで、先程の油症患者の肝ガンの問題に戻る。

この問題は、第一章「ダイオキシンは空騒ぎか」で詳述した母集団と標本のことにも関係する。油症患者というのは、ダイベンゾフラン中毒発症者という母集団の一つの標本と考えられるのだが、患者認定や死亡確認の問題も含めて、この標本が今一つはっきりしない。そういう情況下で、実際の肝ガン死亡数が期待死亡数（問題にしている集団と性・年齢構成が同じ一般集団での予測死亡数）の五・六倍だろうが、三・三六倍だろうが、大きな違いはない、と考えた。これが一つの理由。

日本人男性の一年間の肝ガン死亡率は十万人当たり三十人から四十人、つまり三千人から二千五百人に一人だ。この死亡率を基準にして考えると、千名弱の男性油症患者は何十人も肝ガンで死亡しない。

そして、一人や二人の肝ガン死亡者が出ると、それで、期待死亡数を大幅に上回ったりする。また、たまたま一つの地域に集中したりもする。林氏が指摘するように、肝ガンによる死亡は、その時には長崎県に多かった。だが、私は故意に触れなかったのではない。前記のことを考慮したのである。

標本の数が少ない場合、偶然に地域差が出たり、僅かな変化が結果に大いに影響する。したがって、我々が第一に重視するのは、その結果が統計上有意か否か、ということである。五・六倍も三・三六倍も、統計上有意に高い。だから、私はそれで十分と考えたのである。これが第二の理由。しかし、一般の人には、それは大きな違いかもしれない。だとすると、私との感覚のズレがある、ということだ。ご容赦願いたい。

一方、女性油症患者の場合、期待死亡数に比べて、肝ガン死亡数が二・九倍とか二・二六倍高い。ところが、これらは統計上有意ではない。

それでは有意でないから問題視しないかというと、そうではない。それでも高いことには変わりがない。注意を要するのである。

我々科学者は研究結果に対し、常に柔軟に対処せねばならない。

何故なら、同一の母集団でも研究対象としている標本が変われば、当然、結果も変化する。このことは第一章でもお話しした。

それに、油症患者のガンによる死亡の期待値、すなわち期待死亡数は人年法、つまり、調査している人数×観察年数を基準にして計算される。

これは一人を三十年間追跡して、死亡を調べることと、その三十年間に相当する年齢の異なる三十人の一年間の死亡状況とは同じである、と仮定している。

この仮定が、現実の油症患者の死亡の有様を、どの程度正確に反映するか、という問題もある。

林氏にしても、第三章「ダイオキシン専門家は嘘つきか」で登場する安井至氏にしても、ある数値にあまりにも拘泥し過ぎるように思う。そして、それはある意味、素人の特徴のようでもある。

林氏や渡辺氏が素人ということのもう一つの証拠は、ことある毎に国立がんセンター名誉総長杉村隆氏の名を出し、あたかも杉村氏からの御墨付があるかのように言うこと。

杉村氏も普通の人間、スーパーマンや神ではない。自分の専門分野でもないことを十分に知っている筈がない。自らに専門家としての自信があるのであれば、そのような権威主義的な態度はやめて、独自の論理を展開すれば、それで十分である。

ついでながら、私が引用した池田氏の論文が英文であったから、『福岡医学雑誌』の英文名を記しただけのことである。それから、肝ガンと成人T細胞白血病の地域的偏在性はあったとしても、極一部の限られた地域のことで、油症患者の肝ガン死亡には、ほとんど何の影響もないと考えられる。

以上のように、著者から、ある程度自らの非を認め、次版で訂正したい、という返答が来た。次版といっても、いつ出版されるか分からない。そんな話を了解する訳にはいかない。

しかし、弁護士は裁判に訴えても、必ず勝てるという保証はできない、と言う。非を認めている部分もあり、名誉毀損とまでは言えない口振りだ。

だが、このまま放置する訳にはいかない。そういうこともあって、ここにすべてをオープンにして、反証したのである。

林氏の肝ガン死亡分析の誤り

わが国の肝ガンの発症と死亡について、渡辺氏と林氏の『ダイオキシン　神話の終焉』には看過できない大きな誤りがある。次に、このことについて記す。

林氏が指摘するように、国際的には、わが国は確かに肝ガンの発症と死亡が多い。

肝ガンにしても、胃ガンにしても、発展途上国に多いガンだ。それに対して、肺ガンや大腸ガン、乳ガンや前立腺ガンは先進国に多い。

そういうことで、肝ガンが多いのは、わが国だけではない。東南アジアやアフリカでも多い。しかし、これらの地域ではB型肝炎ウィルスによる肝ガンが多いのに対して、わが国の場合にはC型肝炎ウィルスによる肝ガンが多い。

これはC型肝炎ウィルスが発見される前、我々が子供の頃の予防接種では、注射針を一人一人交換せず、何人かの子供に回し打ちしたことと、手術での輸血が主な感染経路だ。

しかし、最近では、アメリカでもC型肝炎ウィルスによる肝ガンが増加する傾向にある。原因は薬物注射の回し打ちである。

この『ダイオキシン　神話の終焉』の中にある重大な間違いは、一九七五年から一九八〇年にかけて、わが国の男性の肝ガン死亡率が十倍以上も跳ね上がっていることだ。

この部分を、彼らの『ダイオキシン　神話の終焉』から転載すると次のようになる。

肝がん死は医原病

ウィルスはどんな経路で感染するのか？　B型ウィルスは分娩時に産道感染し、母体の栄養状態が悪いほど感染率は高い。それ以外でキャリア化することはまずないため、栄養事情がよくなり、ワクチンもできて撲滅に近づいた。では、B型の五倍も発症力が強いC型ウィルスの感染経路は？　C型は、母子感染や性感染ではキャリア化しにくい。

過去七〇年間につき、肝がん死率の日米比較を図6―7（注：本書では図Ⅱ―5）に描いた。

日本では一九七五年ごろにいきなり「何か」が起こっている。

C型ウィルスのキャリアは、輸血を受けた人、血友病患者、入れ墨をした人、麻薬を回し打ちする人、二五年以上前に集団予防接種を受けた人だ。予防接種の注射器が使い捨てになってから産まれた二五歳以下の人に、C型ウィルスはほとんど見つかっていない。つまりC型ウィルス感染は、医原病の側面をもつだろう。

早くから肝炎ウィルス感染対策をしてきた欧米で、肝がんはむしろまれながんになった。日本の肝がんと肝がん死の多発は、世界の動向に背を向けた医療行政（七二～八八年の血液製剤使用など）が生んだと思われる。病気を治す行為そのものが、皮肉にも病原体を蔓延させ、肝がん多発国をつくったのだ。医療行政の後進性を突く肝炎訴訟が起きているし、二〇〇二年一〇月二一日に薬害肝炎の患者など一六名が国と製薬会社に総額九億円の損害賠償を求めて起こした訴訟は、薬害エイズ訴訟（九六年三月和解）を上回る規模に発展するかもしれないという。

わが国は先進国に例のないほどC型ウィルスのキャリアが多く（二〇〇万人以上といわれる）肝がん発症率もきわだって高い。だが油症患者の肝がん発症率は、そのさらに数倍も高かった。肝がん細胞の芽生えにはウィルス感染が必須である。油症患者の肝がん多発は、患者にキャリアが多いことを匂わせる。

私が林氏に確認したところ、このグラフを作成する時、一九九五年の人口動態統計のデータを

図Ⅱ-5　肝がん死亡率の推移・日米比較

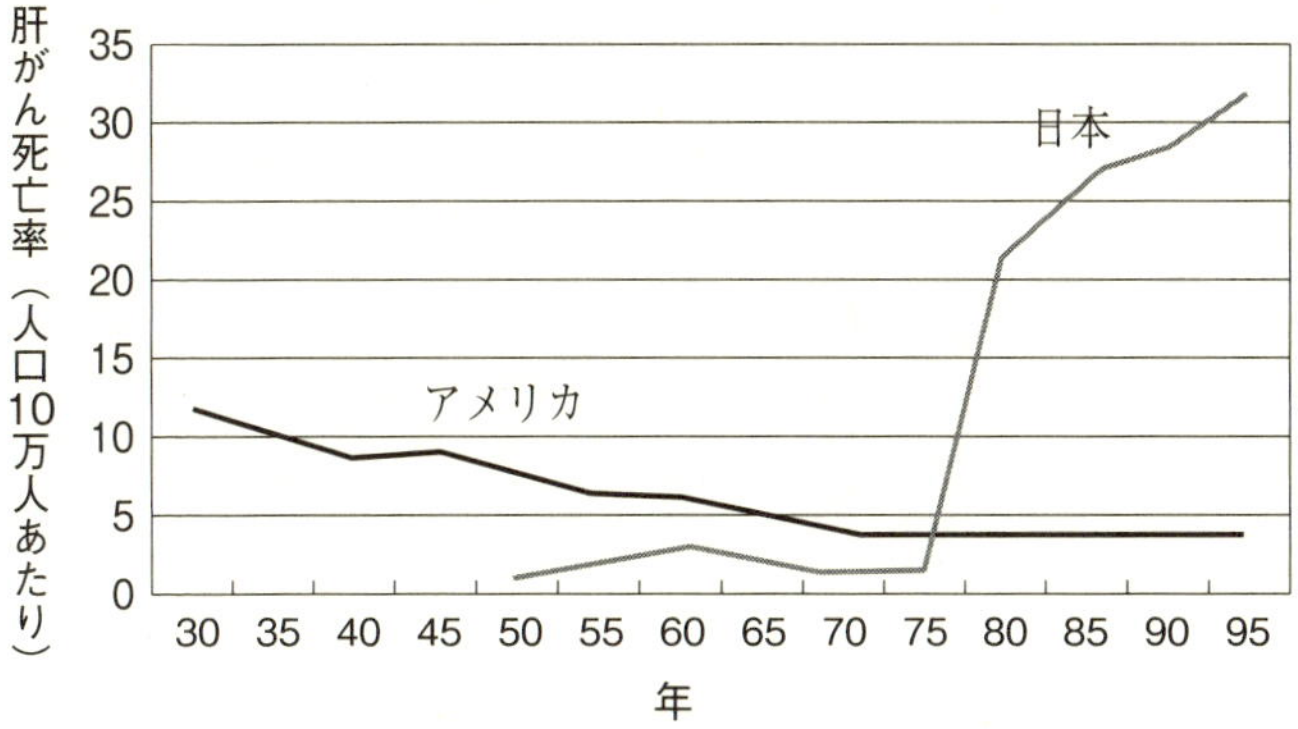

使用した、ということだった。

そこで、早速、確認した。

そのデータによれば、一九七五年の男性の肝ガン死亡率は人口十万対一・八で、一九八〇年には二一・三になっていた。すなわち、十一・八倍も高くなっている。そのことは正しかった。

しかし、それまでに、少しでも死因と死亡について経験があれば、必ず、このデータはおかしい、と思う。

ガンの研究を専門としていない私でも、このデータはおかしいと思った。それで、その後の年次に出版された人口動態統計を調べた。

一九九六年のデータも同じだった。ところが、一九九七年から後のものでは、一九七五年以前の死亡率が変更されていた。

つまり、一九七五年の場合、それまでの死亡率一・八が十倍ほど高くなり、一七・一になっている。すると、一九七五年から一九八〇年にかけての上昇は一・二五倍でしかない。

ちなみに、一九七〇年は一・二が一七・六に、一九六五年は二・四が一九・四に急上昇している。私の細やかな知識を持ってしても、国際疾病分類（ICD）がほぼ十年毎に修正される、というのは常識だ。そして、一九七九年にはICD八がICD九に変わっている。

私はここで何か、肝ガンに関する分類に変化があった、と考えた。

二〇〇七年三月十二日、私は厚生労働省の担当部局に問い合わせた。

電話に出た女性担当者は、次のように答えた。

「ICD八からICD九に変更された時、それまでの肝細胞ガンのみの分類から、すべての原発性肝ガンを含めるようにしました。それで、一九八〇年からは肝ガン死亡率が見掛け上、急に高くなっています」

これは、わが国だけの変更なのだが、その中味は私にはよく分からない。それでも、肝ガンの分類が変わり、そのために、死亡率が急上昇したことが解明された。

そして、一九九七年からは、一九七五年以前のものも、新しい分類により、死亡率を計算し直した、ということだった。

ここで、私が不思議に思うのは、渡辺氏と林氏の『ダイオキシン　神話の終焉』の初版第一刷は二〇〇三年一月三十日に出版されている。であれば、一九九五年のデータではなく、一九九七年以降の、新しい分類によるデータでグラフを作成できた筈である。

新分類に気がつかなかったのか、林氏らは、わが国の肝ガン発症を医原病などと言う。これは全くの誤りである。

ガンによる死亡について、ここでもう一つ付言させてもらう。

確かに、欧米先進国と比べると、わが国の肝ガンや胃ガンによる死亡率は男女とも、数倍から十倍以上も高い。

ところが、ガン全体の死亡率は、これらの国ではほとんど同じになる。違っても、二倍にはならない。特に女性では、わが国はむしろ低い方である。

これは各国国民の年齢構成を考慮しない、通常の死亡率――これは正確には粗死亡率という――でのことだが、わが国は現在、世界で最も人口の高齢化が進んでいる。

そこで、年齢構成を補正した、年齢調整死亡率で、ガン全体の死亡を国際比較すると、わが国の男性も高くなくなる。

わが国の死因第一位は一九八一年以来、現在まで、ガン――悪性新生物――であり、その死亡率は年々上昇している。しかし、これも高齢化の所為であり、年齢調整死亡率にすると、最近では男女とも減少しつつある。

つまり、ガンによる死亡増加の最大の原因は社会の高齢化なのだ。

医療技術が進歩することにより寿命が延び、人口が高齢化し、ガンによる死亡が死因第一位になった。医療技術の開発にも、ガンの診断や治療にも莫大な税金が投入されている。

すなわち、医学界全体がマッチポンプ式の構図なのである。そして、それが進歩・発達と考えられている。

それはさておき、各国の部位別ガン死亡率には大差があるのに、ガン全体の死亡率にすると、それほどの差は見られない。

こういうことから、ガンの発生には、各国に特有の環境や生活習慣が深く関与していると思われるのだが、ガンを発症しやすい人、つまり発ガン因子への感受性の高い人の割合は、どの国でも、あまり違わないと考えられている。

ダイオキシンは天然物か？

私の抗議に関係する話が長くなってしまった。もうこれくらいにしよう。

ところで、渡辺氏らの『ダイオキシン　神話の終焉』には、おかしな部分が多々あるのだが、その根っこは一つに収束する。

それは、ダイオキシンは天然物であり、二十世紀に入ってからのダイオキシン汚染は、恐竜時代の二倍になっただけだ、という馬鹿げた説である。

この説が空想であることが分かれば、渡辺氏らがいかに都合のいいデータだけを引用して、物語を作り上げているか、ということも分かる。そこで、ここからは、この説を検証してみる。

まず、天然物ということについて。

広辞苑には、天然物という言葉はない。そこで、「天然」を引くと、最初に「人為の加わらない自然のままの状態。また、人力では如何ともすることのできない状態。自然。↕人工」とある。とすると、天然物とは、そういう状態のものということになる。

ご存知のように、ダイオキシンのすべては、炭素、水素、酸素、塩素という極ありふれた元素でできている。これらの元素を含む物を高温にすれば、生成する可能性がある。たとえば、火山の噴火や森林の火災など。火山の噴火は地球が誕生した頃からの現象だから、ダイオキシンもその頃から、地球上に存在したかもしれない。

しかし、そういう論理に従えば、人間が合成するすべての化学物質が天然物になってしまう可能性がある。人間は地球上に存在する元素しか使うことができないからだ。

では、天然と人工の化学物質はどのように区別すればよいのだろうか。ここでは、便宜上、人間が使用目的を持って、人為的に作った化学物質を人工物とし、それ以外の地球上に存在する化学物質を天然物とする。

すると、ダイオキシンはＰＣＢや農薬の副産物であり、使用目的があった訳ではないので、天然物と言っても、おかしくないことになる。

ここでの定義で言えば、天然物だろうが、人工物だろうが、大差はない。問題はその存在量ということになる。

つまり、ダイオキシンは恐竜時代にも、今の半分ほどは存在したのか、ということだ。

渡辺氏は彼らの『ダイオキシン　神話の終焉』の中で、一八四〇年代のイギリスの土に、今の三分の一のダイオキシンが検出されたことを重視する。そして、その分解量を考慮すると、今の二分の一のレベルに相当すると仮定して、恐竜時代の二倍になっただけ、と主張する。誰もが不思議に思うだろう。一八四〇年代と恐竜時代のダイオキシンのレベルを同等と見做しているのである。

渡辺氏がここで引用した論文は、一九九一年、スウェーデン、ウメオ大学教授クリストファー・ラッペ氏らのグループが発表したものだ。ラッペ氏はダイオキシン分析の権威で、私もよく知っている。

この研究では、ロンドンから北へ四二キロメートル、三つの幹線道路から二キロメートル以内の所にあるロサムステッドの農業試験場で保管されていた、一八四六年から一九八六年までの土壌中のダイオキシンを分析した。

その結果、この間に、ダイオキシン濃度が約三倍上昇していた。

渡辺氏が言っているのは、このことだ。

十九世紀半ばといえば、イギリスで産業革命が始まり、ほぼ一世紀になる。ヨーロッパ各国にも、すでに波及している。

恐竜時代にはなかった機械化、工業化が進んでいる。

そして、彼らは一九九八年に発表した次の論文（英語タイトル「Evidence for the presence of

PCDD/Fs in the envirinment prior to 1900 and further studies on their temporal trends」、日本語タイトル「一九〇〇年以前の環境中におけるダイオキシン存在の証拠と時間的動向に関するさらなる研究」）で、次のように結んでいる。

「十九世紀に、検出できるレベルのダイオキシンが環境中に存在したことは愕くに当たらない。何故なら、エネルギー用に石炭や木材が燃やされ、様々な金属の精錬が広く行われていたからだ」

金属の精錬はダイオキシン汚染源の一つである。

十九世紀半ばといえば、わが国では江戸時代末期だが、この頃の琵琶湖の底質からも現在の三分の一ほどのダイオキシンが検出されている。この原因にも同じような理由が考えられる。

科学技術が進歩し、産業活動が活発に行われていた十九世紀半ばのダイオキシンレベルが、どうして恐竜時代と同等になるのか。誰が考えてもおかしいだろう。

インディアナ大学の研究が示すもの

このことに関連して、重要な幾つかの研究を紹介する。これらの研究は、渡辺氏にとって、都合が悪かったのであろう。完全に無視されている。

最初は、一九八四年に発表された、インディアナ大学のジィーン・クヅクツワ氏とロナルド・ハイツ氏のアメリカ、ヒューロン湖での研究である。彼らは一九八一年に、ヒューロン湖の色々な地点で底質コアを採取し、そのダイオキシン――ここではダイオキシンとダイベンゾフランを指す――濃度を測定した。

最近堆積した最上層部の底質では、ダイオキシンの同族体プロフィール――ダイオキシンの同族体がどのような割合で含まれているかということ――は、どの地点でもよく似ていた。しかし、それらの濃度は都市部に近い地点の底質ほど高く、百倍以上も違っていた。

このことは、人間の社会・経済・産業活動がダイオキシン汚染と密接に関係していることを示している。

底質は表層から下へ行くほど古くなる。

一般に測定できる堆積年代は、元素の半減期の五倍までと考えられている。

この研究では、半減期が三〇・二年のセシウム137と二二・三年の鉛が用いられている。したがって、百五十年ほど前までの底質コアの年代測定が可能である。このようにして、底質コアの年代別にダイオキシンによる汚染を調べて見ると、一九四〇年頃から汚染が始まり、その後、一九五〇年代にかけて、急激に上昇し、それから徐々に現在のレベルになっていることが分かった。

一九四〇年以前には、ダイオキシン汚染は無視できるくらい少なかった。こう言うと、長い間に、底質コアの中で、ダイオキシンが分解したんじゃないか、と疑う人が必ず出てくる。

そこで、彼らは、コアの年代別にダイオキシンの同族体プロフィールを比較・検討した。すると、どの地点の、どの底質コアでも、各々の同族体プロフィールはとてもよく類似しており、分解を示す兆候は微塵も認められなかった。このようなことから、底質コア中のダイオキシンはとても安定で、ほとんど分解しない、と結論している。

次に問題になるのは、何故、二十世紀半ば頃から、急激にダイオキシン汚染が進行したのか、ということだ。

二十世紀後半には人口爆発により、人間の数が急増した。それに伴い、社会・経済・産業活動も増大した。このことがダイオキシン汚染の進行と無縁とは思えない。

クヅクツワ氏とハイツ氏は、まず、一般ゴミ焼却場と石炭火力発電所の焼却飛灰中のダイオキシンを測定した。すると、様々なダイオキシン同族体が検出されるのだが、一般ゴミの飛灰のほうが、火力発電所のものよりも二桁も濃度が高かった。つまり、石炭の燃焼では、思ったほどダイオキシンは発生しないが、一般ゴミを燃やすと、予想以上にダイオキシンが生成することが分かった。

そこで、彼らは、五大湖周辺諸州の石炭消費量、クロロベンゼンやクロロフェノールなどの有機塩素剤生産量と底質コアのダイオキシン濃度を、一八七〇年から一九八〇年にかけて、比較した。石炭は十九世紀から、アメリカの主要燃料源だった。その消費量は一八七〇年頃から漸増し、一九二〇年頃にピークとなり、その後は横ばい状態となっている。

この変動は明らかに、底質コアのダイオキシン濃度の変化とは一致しない。両者にはほとんど何の関係もないことが分かった。

アメリカの化学産業は一九四〇年代の初めに急成長を始めるのだが、時を同じくして、有機塩素剤の生産も増加する。この増加パターンは底質コアのダイオキシン汚染の年次変化と極めてよく一致していた。

この事実は、有機塩素剤の増産がヒューロン湖の底質コアや環境のダイオキシン汚染を急激に高めたことを示唆している。

彼らの論文では、その内容について、もう少し詳しく、次のように説明している。

クロロベンゼンやクロロフェノールなどの有機塩素剤にも、その副産物として微量のダイオキシンが含まれているだろうが、この種の化学物質の直接の廃棄が、ダイオキシン汚染増大の最大の原因ではない、と考える。というのは、底質コアと大気中微粒子の同族体プロフィールがとてもよく似ているので、その主原因は廃棄物の焼却と考えられた。

これらの有機塩素剤は、建築資材や農薬、包装材料など種々様々な製品の原料として、多量に使用され、その多くは最終的には固形廃棄物となる。そして、一般ゴミや産業廃棄物などとして、焼却処理されるのである。これが、ダイオキシン汚染急増の最大の原因と思われる。単なる「火の出現」によるものではないと、この論文を結んでいる。

以上のような、底質コアにおける年代別のダイオキシン汚染調査は、スイス——やはり、クツワ氏とハイツ氏の研究——とわが国——環境庁の研究——でも行われており、まったく同様の結果が得られている。

渡辺氏の説とは真っ向から対立しているが、研究データがそれを証明している。

クヅクツワ氏とハイツ氏は、また、別の可能性として、農薬のペンタクロロフェノール（PCP）などによる直接汚染の可能性についても、次の論文で検討した。PCPにも、ダイオキシンが副産物として微量含まれているからだ。

この論文は一九八六年に発表された。やはり、五大湖底質を中心とした研究である。彼らは、まず、それまでに発表された文献から、スウェーデンとイタリアとオランダの都市ゴミ焼却場の煤煙、そしてスイスの産業廃棄物焼却場の煤煙に含まれるダイオキシンの同族体プロフィール――これを汚染源・発生源を特定するための「指紋」と考える――を調べた。すると、同じ都市ゴミ――つまり、一般ゴミ――の燃焼でも、そのプロフィールには様々なタイプがあった。このことは、産業廃棄物の焼却でも同じだった。

これらの同族体プロフィール全体を眺めてみると、八塩化ダイベンゾフランを除き、ほとんどすべての同族体が発生している。だから、大気中で平均化されれば、いずれの同族体も、大気中濃度はほぼ同じレベルになる、と考えた。

さらに、PCP中に存在するダイオキシン同族体プロフィールについても、文献で調べたが、それは廃棄物の燃焼でできるものとは、かなり違っていた。全体としては、七塩化と八塩化のダイオキシン・ダイベンゾフランがかなり多かった。

以上のような、ダイオキシンの「指紋」を手掛りにして、汚染源や発生源を特定するのである。

さて、これまでの話から、ダイオキシンは一般的には、廃棄物焼却場の煤煙と共に、大気で運ばれる環境汚染物質と考えられるが、このことをもう少し詳しく研究するために、クヅクツワ氏とハイツ氏は五大湖のうちの四つの湖――ヒューロン湖、ミシガン湖、エリー湖、オンタリオ湖――の底質表層の同族体プロフィールを調べた。

また、同時に、ワシントンとセントルイスの大気中微粒子の同族体プロフィールも調べ、底質表層のものと比較した。

この結果、オンタリオ湖を除く湖の底質表層と大気中微粒子の同族体プロフィールはとてもよく類似していた。

しかし、大気中微粒子のプロフィールは、彼らが、最初、予想したものとは大きく懸け離れていた。というのは、八塩化ダイオキシンだけが際立って多くなっていたからだ。その次は、かなり少ないのだが、七塩化のダイオキシンとダイベンゾフランだった。六塩化以下のダイオキシン・ダイベンゾフランは極めて少ない。

当初は、大気中では、すべての同族体がほぼ同じレベルになっている、と考えていたのに、どうしてこのようなことになってしまったのだろうか。太陽紫外線によって、分解したからだ。ダイオキシンが紫外線により容易に分解することは、かなり以前から分かっていた。そして、八塩化ダイオキシンなどの分解されにくいダイオキシンが選択的に残った結果なのだ。

大気の微粒子が湖や海の底質に沈着するのだから、ヒューロン湖やミシガン湖やエリー湖の底質表層のプロフィルが大気中微粒子のものと類似しているのは、当然だ。オンタリオ湖のプロフィールが他のものと相違していたのは、近くに有機塩素剤を含む産業廃棄物処理場があり、そこからの汚染を受けていたからである。

中西氏らの解析の根本的誤り

以上のように、廃棄物の焼却処理で生じたダイオキシンは煤煙と共に、大気中に放出され、微粒子に吸着して、最終的には湖や海の底に沈着する。しかし、その同族体プロフィールは大気中を移動する間に、太陽紫外線により分解され、発生当初のものとは似ても似つかぬものになってしまう。

このような大気中での変化は、東京都の調査でも認められるし、平成十年度に環境庁が行った底質コアのダイオキシン汚染調査でもよく分かる。この環境庁の調査では、全国の四水域六地点——東京湾二地点、岡山県水島沖一地点、茨城県霞ヶ浦二地点、群馬県榛名湖一地点——の底質コアを採取し、それらのダイオキシンによる汚染状態を年代順に調べた。年代別の汚染レベルの変化は、すでにお話ししたヒューロン湖での研究と、ほとんど同じであった。そして、どの地点での同族体プロフィールも、また、極めて類似していた。つまり、圧倒的に八塩化ダイオキシンが多いのである。

このことは、わが国の場合には特に重要だ。というのは、わが国で、かつて使用された水田除草剤ＰＣＰに微量存在したダイオキシンも圧倒的に八塩化ダイオキシンが多いからである。

同族体プロフィールを「指紋」として、発生源や汚染源を特定できる、ということはすでにお話した。

本書の第一章「ダイオキシンは空騒ぎか」で登場した、中西準子氏のグループは、この手法を利用して、ダイオキシンの汚染源とその寄与の程度を推定している。

ところが、中西氏らの解析の根本的な誤りは、燃焼によって発生したダイオキシンが大気中を移動し、海底や湖底に沈着するまで、ほとんど変化しない、として主成分分析や類似の解析をしていることだ。

たとえば、焼却（燃焼）由来のダイオキシンには、主に四塩化と五塩化のダイオキシンが含まれ、ＰＣＰ由来のダイオキシンは八塩化ダイオキシンを主成分とする高塩素化ダイオキシンが含まれているとしている。しかし、すでにお話ししたように、この焼却由来の四塩化、五塩化の低塩素化ダイオキシンは大気中を移動する際に太陽紫外線により容易に分解され、結果として、紫外線に安定な八塩化ダイオキシンを主成分とする高塩素化ダイオキシンに変化してしまう。

だから実際には、ＰＣＰと同じように、圧倒的に八塩化ダイオキシンが多くなっているのに……。そういうことで結果的には、当然のことながら、汚染源としては見掛け上、ＰＣＰの寄与がとても大きくなる。

ついでに、もう一つ、中西氏らの研究の盲点を突いておく。

PCPは水田除草剤として、一九六〇年頃から使用され始めたが、魚介類への毒性が高かった。そのため、一九七〇年代の初めには水田への使用が急減し、一九九〇年、農薬登録が失効した。

それに代わって、一九六〇年代後半から、別の水田除草剤CNPが使用されるようになる。しかし、これも、一九九六年、農薬登録が失効する。

CNPにも、ほとんど毒性のない四塩化ダイオキシンが不純物として存在することは、かなり以前から知られていた。

PCPに含まれていたのも、その主体は極めて毒性の低い八塩化ダイオキシンだった。ところが、PCPとCNPに含まれるダイオキシンを精査してみると、毒性の高いダイオキシンも存在する。

両方の農薬とも、使用量が半端ではない。そのために、毒性の高いダイオキシンの含有量が、たとえ微量であっても、総量としてはかなり多くなる。

そのことを、中西氏のグループが一九九八年から二〇〇二年にかけて、東京湾や霞ヶ浦、島根県宍道湖の底質コア調査の結果と絡めて、ダイオキシン国際会議等で発表した。

すると、これまでにお話ししたことからもお分かりのように、PCPの汚染源としての寄与が大変に大きくなる。そして、わが国のダイオキシン汚染の大部分が、この二つの農薬に由来する、と主張した。

ここで問題なのは、東京湾にしても、霞ヶ浦にしても、宍道湖にしても、ほとんど閉鎖系である。それらは、また、広大な農耕地域に囲まれている。さらに、ＰＣＰは粒剤か水溶性粉剤として使用されていたが、大部分は粒剤である。ＣＮＰは粒剤と乳剤として使われていた。だから、大気中にはほとんど飛散しない。

東京湾、霞ヶ浦、宍道湖へは周囲の水田からＰＣＰとＣＮＰが流入した。だから、それらの底質コアは、過去のその有様を反映しているだけなのだ。つまり、ダイオキシンが主に廃棄物の焼却処理によって生じる、大気由来の環境汚染物質という視点から言えば、極めて限られた範囲の閉鎖系での特殊なケースなのである。

それを、あたかも、日本全体の汚染状況を現しているかのように、主張する、これは事実の摩り替え以外の何者でもない。

ましてや、大気中のダイオキシン同族体プロフィールは、時間の経過と共に、限りなくＰＣＰ中のものに類似するように変化する。中西氏たちにとって好都合なのは言うまでもない。

やはりダイオキシンは猛毒物質

私は『神話』という意味がよく分からなかったので、このことについても広辞苑で調べてみた。

そこでは、次のように説明されていた。

「①現実の生活とそれをとりまく世界の事物の起源や存在論的な意味を象徴的に説く説話。神をはじめとする超自然的存在や文化英雄による原初の創造的な出来事・行為によって展開され、社会の価値・規範とそれとの葛藤を主題とする。

②比喩的に、根拠もないのに、絶対的なものと信じられている事柄」

ダイオキシンは神や文化英雄によって社会にもたらされたものではない。したがって、著者らが言う『神話』とは②の意味で使われているのであろう。

つまり、ダイオキシンとは根拠もないのに、絶対的なものと信じられている事柄なのである。彼らの意味する根拠とは何なのか、私にはこれも、よく分からないのだが、恐らく猛毒物質の根拠ということだろう。

その根拠があるのか、ないのか、それは科学的データの蓄積により、自ずと明らかになることだ。

わが国で一九六八年に発生したカネミ油症の場合、患者の体重を六〇キログラムとすると、平均して〇・六ミリグラム、最小量では〇・二四ミリグラムのダイオキシンを摂取している。

これは一度に、この量を食べたのではなく、二か月から五か月の期間に、少しずつ摂ったのである。それでも、重症のニキビ様皮膚炎など様々な症状を発症した。また、事件発覚の翌年七月、十四歳と二十五歳の男性患者が急死した。これはダイオキシンによる中毒死と考えられる。

人に最も近いサルの半数致死量は体重一キログラム当たり七〇マイクログラムらしい。人の半数致死量は分からないが、体重一キログラム当たり二〇マイクログラムから百マイクログラムとすると、体重六〇キログラムの人の半数致死量は一・二ミリグラムから六ミリグラムということになる。カネミ油症患者は総摂取量では、これに近い量のダイオキシンを摂っている。

また、最近の例ではウクライナの大統領候補ユーシェンコ氏のダイオキシンによる殺人未遂事件がある。ユーシェンコ氏の皮膚症状はカネミ油症患者のものとよく似ているが、ダイオキシンの摂取量でも、ほぼ同じと推定できる。つまり、ダイオキシンというのは耳かきの先に目で微かに見える程度の微量で、人にあのような重症の症状を引き起こし、運が悪ければ死ぬ可能性もある毒物なのだ。私は、これは猛毒物質と言っていいと思う。

もう一つ問題になるのは「絶対的なものと信じられている事柄」ということだ。

何が絶対的なものなのか、これも私には分からない。その理由は、人間が考えるものに絶対的なものなどないからである。

彼らが自分たちの『ダイオキシン　神話の終焉』の中に、あたかも絶対的に正しいかのように引用したデータさえも、絶対的なものではないのだ。ましてや嘘や誤解――これは好意的に解釈してのことだが――があれば尚更のことである。

そういう意味からも、ダイオキシンが神話になることなど有り得ないのだ。

第三章　ダイオキシン専門家は嘘つきか

「サリンの数倍」

ここではまず、東京大学大学院医学系研究科教授遠山千春氏と国連大学副学長安井至氏との論争を紹介する。それにより、わが国環境科学界の中枢にいる安井至氏――専門は環境材料科学、材料設計法、環境総合指標。ウェブサイト「市民のための環境学ガイド」を運営――の実像に迫ってみる。

私が最初に安井氏と話したのは、確か二〇〇〇年、山梨県北杜市内大泉高原にある八ヶ岳ロイヤルホテルのレストランだった。このホテルで、平成十一年度異分野研究者交流フォーラム『実態把握に根ざした環境問題の捉え方――システムソリューションを目指して――』という会合が、三月十七日から二十日まで、国内から分野を異にする五十名弱の研究者が集まり、開催された。主催者は科学技術振興事業団で、コーディネーターは国立環境研究所副所長の合志陽一氏だった。この会合に私と当時、東京大学生産技術研究所教授だった安井氏も参加していた。

会議中のある日、私が一人、ホテルの小さなレストランの奥まったテーブルで、昼食を摂っていると、一人の男性がやってきて、テーブルの向かい側に座り、名刺を差し出した。その男性が安井氏だった。

私は彼と共に昼食を摂りながら、話をした。その話の中で、今でも記憶に残っていることがある。それは、

「先生は今、どのくらいの研究費をお持ちですか？」

という彼の奇妙な質問だ。

私はおかしなことを訊く人だな、と思いながらも、その質問に答え、私もまた、彼の研究費の額を訊いた、と記憶する。その時、私が抱いた奇妙な印象が何だったのか、この遠山氏と安井氏の論争を読むうちに分かってきた。

遠山氏は二〇〇五年一月一日から東京大学大学院医学系研究科教授に移籍したが、その前は茨城県つくば市にある国立環境研究所環境健康研究領域長だった。私が遠山氏と面識ができたのは、二十一世紀に入ってからのダイオキシン国際会議だ。彼が私の研究発表の座長をしてくれたこともあるし、同じセッションで前後して、発表したこともある。

彼と私はダイオキシンという、得体の知れない毒物の動物や人への影響を研究する共通基盤の上で、切磋琢磨している戦友のようなものだ。

そんな遠山氏から二〇〇五年二月、突然、メールがきた。

「環境と健康」問題とその研究にご関心のある方々へ‥

前略

この文書は、私、遠山千春と国連大学副学長（東京大学客員教授）安井至氏との論争のすべてをまとめた文書です。事の発端は、安井至氏が主宰する「市民のための環境学ガイド」というHPにおいて、「ダイオキシンで暗殺」（二〇〇四年十二月十二日）という記事の中で、以下のように記載をしたことに始まります。

「追加二：十三日月曜日の七時のNHKニュースに、国立環境研の遠山氏が出てきて、このニュースの解説をしていた。ダイオキシンの毒性について、例の言葉、「サリンの数倍」を繰り返していた。もともとは、「サリンの二倍」だったはず。これがなんと強化されている。しかし、神経毒のサリンと、慢性毒性が中心のダイオキシンを比較すること自体、全く無意味なんだけど。いずれにしても、ダイオキシンの専門家は、なかなか『ダイオキシンは怖くない』とは言わない。なぜなら、これまで嘘をついていたのか、と非難されるからである。特に、財務省からの非難は大変怖いぞ!!!」

私が何を問題としたのかの真意は、ここでは繰り返しません。ぜひ、添付書類をお読みいただき、化学物質の健康リスクに関わる広範な問題を、一緒にお考えいただければ幸甚です。

なお、時間が無い方は、「九-Tohyama」文書を最初にお読みいただき、最初からお読みいただけると全体の流れが理解しやすいかもしれません。

皆様のご意見・ご批判を、安井氏、あるいは遠山へお寄せいただければ、この文書を公開したことの意義は達成されると考えております。

草々

遠山　千春

現職：東京大学大学院　医学系研究科

疾患生命工学センター　健康・環境医工学部門

前職：国立環境研究所　環境健康研究領域

安井氏が取り上げたのは、ウクライナの大統領候補ユーシェンコ氏のダイオキシン毒殺未遂事件に関して、遠山氏がNHKのニュース番組で、ダイオキシンの毒性などについて解説した時のことだ。

本書を執筆するに際し、二〇〇六年の年末、私は遠山氏に次のような電話をした。

「京大の松井さんの裁判は泥沼化して、出口が見えなくなっていますが、元々は産業界寄りの人々が、彼らと一部の産業界の保身のために、立場を異にする科学者の社会への影響力を抹殺しようと、自らのホームページで誹謗中傷したことが発端です。こんな情況が増強されれば、学問そのものの尊厳が破潰《はかい》されてしまいます。

そんなことでは困るので、私の問題も含めて、一冊の本にまとめてみよう、と考えています。

そこで、その中に先生と安井さんの論争のことも取り上げさせていただきたいのですが、よろしいでしょうか?」

そうすると、遠山氏は、

「あのことはもう公開していますので、何の問題もありません。そうしていただくほうが、私としても好都合です」

と言って、一も二もなく、むしろ積極的に私の考えに賛同してくれた。

遠山氏の好都合という言葉の意味は、公開しているといっても、一部の人しか知らない。もっと多くの人々に、この論争のことを知ってもらいたい、ということなのだ、と考えた。

こういう経緯で、ここから、遠山氏と安井氏の論争を掲載するのだが、私が変に取捨選択するよりも、その一部始終を載せたほうが、読者の客観的で、正しい判断が可能になるだろう。

いや、それだけではない。かつて、私がダイオキシン国際会議で感じた肩身の狭さと寂しさ、さらには公害先進国でありながら、環境後進国と嘲笑される、わが国の本質さえも視えてくる。そういう意味で、両者の論争は殊の外、重要なのであり、その総てを掲載する理由もそこにある。

そのようなことにも注意を払いながら、読んでいただきたい。

尚、京大の松井さんの裁判とは、次の章、つまり、『ある名誉毀損裁判』で詳述するのだが、京都大学地球環境学大学院教授松井三郎氏が、第一章でお話した中西準子氏を名誉毀損で提訴した裁判のことである。

どういう理由で「嘘つき」呼ばわりするのか

遠山氏と安井氏の論争の開幕だが、その前に、そのニュース番組で、遠山氏がコメントした内容のすべてをまず掲載しておく。

ダイオキシンの中では最も毒性の強いタイプのダイオキシンであれば、これが千倍の濃度で仮に検出されていれば、このような、いわゆるニキビ様の症状が出ても、それは不思議ではない、と思っています。

一九七六年にセベソで農薬工場の爆発事故があったんですが、その農薬の中に混じり物として、この最も猛毒のダイオキシンが入っていました。この事故などによって、子供たちにクロルアクネと称するニキビ様の症状が出るとか、一部の方々に肝臓の機能が異常を示す、というような事例は知られています。

（時間的空白十一秒：遠山氏の映像のみ流れる）

サリンの数倍程度の、毒性が強いということが知られています。ダイオキシンの場合には、その効果が現れるのがゆっくりしていて、数週間から何ヶ月という単位で、異常が出てくると……。

それではまず、二〇〇四年十二月二十七日付の遠山氏から安井氏への同一の手紙とメール。

国連大学副学長　安井至様

前略

先日、貴兄が掲載されている「市民のための環境学ガイド」ＨＰに、私の名前が出ていると知人から聞き、久々に拝見をいたしました。

二〇〇四年十二月十二日付けの「ダイオキシンで暗殺？」の追加二：の記事です。

この中で、貴兄が言われている、後段の「いずれにしても」以下の貴兄の発言の真意について、お教えいただきたくメールすることにいたしました（ちなみに、前段の「二倍」「数倍」に関する件は、科学的報告に基づいて説明が可能な問題ですので、「これがなんと強化されている」という感情的な記述は不適切と考えます）。

この中で、貴兄は、「ダイオキシンの専門家は、なかなか「ダイオキシンは怖くない」とは言わない。なぜなら、これまで嘘をついていたのか、と非難されるから」と述べておられますが、前段からの流れでいうと、私も専門家の一人として、「嘘をついていた」という見解をお持ちでしょうか。もしそうであるならば、私の言動がいつ、どこで、どのような文脈において嘘と謗《そし》られなければならないのか、具体的にお示しください。これまでに発表してきた学術論文や総説などにおいて、その時点の科学的知見に基づき、誠心誠意、真実と信じることを記述してきたつもりです。時に誤った解釈をしたことが無かったというつもりはありませんが、「嘘」をついたという誹《そし》りは心外です。他の研究者を「嘘つき」呼ばわりすることは、相手の研究業績、あるいは人間性に対する不信の表明であり、場合によっては相手の社会的信頼を失わせる重大な行為につながるとはお考えにならないでしょうか。

また、最後の文章で、「財務省からの非難は大変怖いぞ!!!」三本もの感嘆符付きでお書きになっている真意はどういうことでしょうか。貴兄は、見識がある方々の集まりであるはずの、総合科学技術会議の「化学物質問題イニシャティブ」座長、あるいは環境問題の「円卓会議」のメンバーとしても、ご活躍と思います。また、私たちの国立環境研究所の外部評価委員も務めておられます。財務当局という予算配分権の中枢にも近い責任ある立場の方として、極めて不適切な発言のように私は考えております。この点も真意をご説明いただけないでしょうか。

貴兄が運営するHPサイトは三百万人のアクセスを目指しているようですが、貴兄がHPに記載されたことは、そのまま多くの方々の目に触れます。私という人間を知らず、貴兄の書いた文章だけを読んだ方々は、私を嘘つきだと思いかねません。私自身が嘘つきであると社会的に喧伝されることは、研究者として非常に迷惑に思います。

ご多忙とは存じますが、二〇〇五年一月初旬を目途に、ご回答をくださるようお願いたします。

草々

遠山　千春

国立環境研究所　環境健康研究領域

安井氏は遠山氏が「サリンの数倍」を繰り返していたと書いているが、実際には一度きりだし、ダイオキシンの毒性の現れ方も説明している。

ダイオキシンが怖いか怖くないか、その感じ方には個人差がある。我々は科学的事実をできるだけ正確に提供するだけであり、その判断は各自に委ねられている。だから、安井氏の発言そのものが奇異なのだが、それを理由に「嘘つき」というのはもっとおかしい。

この手紙とメールに対する、二〇〇四年十二月二十八日付の安井氏からの返信メール。

遠山千春様

配達証明付きの郵便をいただくまでもなく、メールを受領いたしました。

躊躇したためではあったものの、いささか記述が不十分であったことは認めます。そのとき、一体何を感じたのか、そのままもっと詳しく記述してもよかったのですが、多少躊躇して、分かりにくい表現になっておりました。

まず、その感想を述べるまでに、この手の件に関するスタンスを明らかにしておきたいと思います。まず、テレビのような公共メディアに出るということは、その放送がどのようなものになり、その社会的影響がどのようなものであるのか、これらはすべて出演者の自己責任に関することであり、同時に、自らの大きなリスクでもあることを充分に認識しておく必要があります。テレビにコメンテータとして出演できるような人は、少なくとも出演中は公人であり、テレビの中での発言は公人としてのものです。それに対する感想・批判・非難をどのような形で表現されても、それは公共の報道機関を使用し、自らの意見を述べることによって社会に対してある種の影響を与えたことの代償として、受け入れざるを得ない状況にあるということを認識しなければなりません。

さて、当日の七時のニュースで、NHKがダイオキシン暗殺未遂事件を取り上げ、相変わらず社会的インパクトのありそうな事件だけを取り上げるものだ、と思いつつ眺めていると、遠山さんがコメンテータとして登場し、「サリンの数倍」という言葉を述べられました。

「サリンの二倍」（ダイオキシンの毒性がサリンよりも、二倍高いということ）という言葉は、「所沢産のホウレン草中のダイオキシンでも死ぬのではないか」（注：当時、所沢は産業廃棄物処理場が多く、ダイオキシンによる汚染が深刻と考えられていた。それで、そこで採れるホウレン草もダイオキシンで高濃度に汚染されているとすれば、そのホウレン草を食べても死ぬのではないかということ）、という間違った理解を日本の市民社会に対して与えた「ダイオキシン猛毒派」が使った言葉であり、市民社会はやっとのことで、「この言葉は嘘だったのではないか」、と感じ始めているのです。

「ダイオキシン嘘つき」の主犯は宮田氏、そして共犯が青山氏でしょうが、この両氏と遠山さんとは全く別種の研究者であると認識していた私にとって、遠山さんの口からこの言葉を聴くことは大変なショックでした。しかも「サリンの数倍」ということは二倍以上、普通は三〜六倍程度の毒性を意味するでしょうから、場合によっては、宮田氏、青山氏によるダイオキシンのPR活動を遠山さんも強く支持されているのではないか、となると、宮田氏、青山氏のように、直接に嘘をついたという訳ではないものの、ひょっとするとあの両氏の「嘘つき」を積極的に支持されているのかもしれないとの強い疑いが沸きました。これを表現したのが、あのウェブページの言葉です。

宮田氏、青山氏のスタンスと一線を画すのであれば、あの言葉をテレビといった公共報道の場で使用することは、それ自身、大きなリスクであることを理解すべきです。そのぐらい重要な言葉であり、それが科学的事実であるかどうか、ということとは全く別次元で語られるべきことです。ある種の目的をもって、その言葉を使った、というように理解される可能性があることを承知の上で使用すべき言葉なのです。もし、このことについて同意できないとしても、それは意見の相違だというレベルの問題ではありません。「メディアと社会、それに研究者の発言の責任」ということに関する理解の違い、はっきり言えば、無理解だと言わざるを得ません。

もしも、遠山さんがダイオキシン良識派であるのなら、あの暗殺未遂事件のニュースに対するコメントとしては、次のようなコメントが妥当ではなかったでしょうか。「ダイオキシンは毒性の強い化合物として知られていますが、ヒトに対する致死量が分かっている訳ではなく、どちらかと言えば、ヒトは急性毒性に対して耐性が強い種ではないかと考えられます。しかし、比較的微量であっても、クロルアクネという皮膚症状が出ることが知られており、今回のケースはそれに相当します。元首相の体内濃度は、通常の日本人の千倍もあるようですから、通常の食から摂取するダイオキシンで即死するといったことは無いことが証明されたものとも言えます」、ぐらいが妥当なところだったのではないでしょうか。もっとも、そんなコメントだと、NHKは放送をしなかったかもしれませんが。

ご希望とあらば、「ダイオキシン嘘つき」の両者の実名をHPに公開することで、遠山さんに対して嘘つき呼ばわりしたのではない、単に、「シンパと思われる」に過ぎないということを表現することも可能です。ただし、今回、通常の方ではなさらないような「配達証明」という方法で「説明をお願いされた」ことも同時にHPに記述したいと思います。

両氏の「嘘つき」に対する評価など、お聞かせいただければ幸いです。

以上、ご回答申し上げます。

その他の件についても、若干の意見を述べたいと思います。

私が、「総合科学技術会議の「化学物質問題イニシャティブ」座長、あるいは環境問題の「円卓会議」のメンバーとしても、ご活躍と思います。また、私たちの国立環境研究所の外部評価委員も務めておられます」、と記述いただいております。この件ですが、前総合科学技術会議の議長であった井村先生などのように、ダイオキシン・環境ホルモンなど、やや特殊な化学物質のリスク関係の研究は、社会的不安を蔓延させることによって予算の獲得を促進したのではないか、という強い疑念を表明されている方が居られます。まともに化学物質の管理の問題を考えようとするグループにとって、もしそれが事実だとしたら、そのような意図をもった研究者集団の存在は極めて迷惑です。この井村先生の見解などは、すでに財務省の担当者には伝達されているものと思われる、というのが、あの文章の意味です。

私がこれらの会議のメンバーあるいは座長であることが、だからといって、自由に発言ができないということではないと確信しております。むしろ、積極的に自らの意見を述べ、その意見が不適格不適切であるのなら、いつでも不要・不適格な人材としてメンバーから外していただくことの方が、私のような立場の人間にとって適切な対応だろうと考えている次第です。もしも、そのようにお考えでしたら、環境省ないし内閣府、さらには文部科学省などにそのようなご意見を伝達いただくことがよろしいかと思います。

この安井氏からの電子メールを読んで、最初に気がつくことは、遠山氏の質問には何一つ答えていない、ということだ。

「ダイオキシン専門家はなかなか『ダイオキシンは怖くない』とは言わない」、と言われても、それは量の多少に関わることだから、ケース・バイ・ケースだ。

カネミ油症患者やウクライナの大統領候補のように、耳かきの先に微かに見える程度のダイオキシンで、あのような症状が出るのだから、ダイオキシンは猛毒物質である。それは曲げられない。

また、サルの半数致死量から推定すると、体重六〇キログラムの人の半数致死量は一・二ミリグラムから六ミリグラムという微量である。

耐容一日摂取量にしても、以前は体重一キログラム当たり一〇ピコグラムであったものが、一～四ピコグラムと厳しくなった。

そういう情況を勘案すると、やはり十分に気をつけねばならない。だから、怖くないとは言えないのだ。

わが国のスタンダードがグローバル・スタンダードから離隔しているのは、ダイオキシンに限ったことではない。例えば、らい予防法の廃止にしても、検疫伝染病からの痘瘡《とうそう》の削除にしても然りである。何故、そのようなことになるのか、私にはずっと理解できなかった。しかし、この安井氏のメールの中に、その一端が見える。

それは「前総合科学技術会議の議長であった井村先生などのように、ダイオキシン・環境ホルモンなど、やや特殊な化学物質のリスク関係の研究は、社会的不安を蔓延させることによって、予算の獲得を促進したのではないか、という強い疑念を表明されている方が居られます」という文章だ。

井村氏が本当に、そういう疑念を持っているのかどうか、それは私には分からない。しかし、そういう考えを持つ人々が、わが国の科学・医療の有様や環境問題への対応に関わる所で、大きな影響力を発揮しているのだろう。こういう人々が自分たちは、まともに化学物質の管理の問題を考えている、と思っているのだ。それが、わが国のダイオキシン対策が欧米から、十年以上も遅れてしまった原因に違いない。

安井氏は、そのことには何の言及もせず、わが国のダイオキシン専門家は社会的不安を蔓延させ、それにより研究費を獲得するために、嘘をついている「嘘つき」と断言する。そして、その主犯は摂南大学薬学部教授の宮田秀明氏であり、共犯が㈱環境総合研究所長で武蔵工業大学大学院環境情報学研究科教授の青山貞一氏である、と言う。

私は安井氏がこんな人物なのか、と愕《おどろ》いた。そして、八ヶ岳ロイヤルホテルのレストランで、意味深に、私の研究費の額を訊いてきた理由が分かった気がした。

それにしても、安井氏はまず、遠山氏の問いにしっかりと正面から答えねばならない。それがまともな科学者としての最低限の責務だ。

安井氏の「嘘つき」呼ばわりそのものが「嘘」

次は、この安井氏の電子メールに対する、二〇〇五年一月十四日付の遠山氏の返信である。

安井至様
早速、返事をいただきありがとうございます。
しかしながら、貴兄からの回答は、私の質問にきちんとお答えされておられないと思います。
私は、貴兄に対し、「私も専門家の一人として『嘘をついていた』という見解をお持ちでしょうか。もしそうであるならば、私の言動がいつ、どこで、どのような文脈において嘘と誇られなければならないのか、具体的にお示しください」と質問させていただきました。貴兄は、これには正面から答えられず、「ダイオキシン『嘘つき』の主犯は宮田氏、共犯が青山氏」と決め付けられた上、「宮田氏、青山氏のように、直接に嘘をついたという訳ではないものの、ひょっとするとあの両氏の『嘘つき』を積極的に支持されているのかもしれないとの強い疑いが沸きました。これを表現したのが、あのウェブページの言葉です」と書いておられます。これは、私も「嘘つき」ということではないでしょうか。私にとっては、「嘘つき」呼ばわりされることも心外ですが、「嘘つきのシンパ」呼ばわりされることも同様に心外です。再度同じ質問をさせていただきますので、YES／NOではっきりとお答えいただきたく、お願い申し上げます。

言うまでもありませんが、他者を「嘘つき」呼ばわりすることは、相手を侮辱するとともに、その社会的信用を著しく損うことになります。従って、十分な根拠がないのに、そのような言葉を軽々しく口にすることは、人間として許されない行為であると私は考えておりますが、貴兄はどのようにお考えでしょうか？

貴兄が宮田氏や青山氏を「嘘つき」呼ばわりされる根拠――つまり、彼らが、いつ、どこで、どのような嘘をついたのか――を是非お示しいただきたい。また、私を「嘘つきのシンパ」と決め付けられた根拠も、具体的に示していただけますか。よもや、貴兄が全体のコメントのごく一部に過ぎない「サリンの数倍」との発言だけで、「嘘つきのシンパ」という重大な決め付けを公開のHP上でされたとは思えませんので……。

貴兄もご承知の通り、NHKのコメントで、私はサリンとの関係の発言の中で、サリンなどの毒性の現れ方とダイオキシンの現れ方が違うこと、さらに、「通常の生活で環境や食品から摂取している量のダイオキシンによって、今回のユーシェンコ氏に見られる『ニキビ』のような問題はない」という主旨を明確に述べております。

また、もし、貴兄が、半数致死量のデータのサリンなどの毒性とのダイオキシンの毒性の現れ方の違いから、ダイオキシンは猛毒ではないと考えておられるとしたら、それは毒性学的には大きな間違いであることを申し上げておきたいと思います。動物実験によれば、感受性が高い妊娠中の極めて短い時期に、わずか一回の曝露によって、出産後の子動物の、生殖器官、記憶学習機能、脳の性分化、免疫機能、内分泌機能に多彩な悪影響を引き起こすことがわかってきました。他方、ダイオキシンに対する感受性は、動物種間、あるいは同一の動物種に属する異なる系統間で、大きな差異があることは広く知られていたことです。学術的には、まだ議論があるところですが、我々の研究からヒトは比較的、感受性が低い動物種であることを示唆するデータも出ています。現在の毒性学的知見に照らして、ダイオキシン毒性をどのように考えるべきかを示す機会を貴兄のＨＰでいただけるのであれば、具体的に説明をさせていただきます。

「財務省からの非難は大変怖いぞ!!!」と書かれた貴兄の真意についての質問にも、明確にお答えいただいておりません。仮に、貴兄が指摘されている前・科学技術総合会議の議長を務められた井村裕夫先生のご見解が財務省の担当者に伝達されているとして、それがどうして「財務省からの非難は大変怖いぞ!!!」という表現につながるのか、私には理解できません。井村先生のご見解が仮に真実として、それだけを根拠にして、ダイオキシンの専門家を非難するような財務省の担当者がいるのでしょうか。また、その非難が「怖いぞ!!!」というのは、どういう意味でしょうか？　これらの点についても明確なご回答をお願いいたします。

最後に、貴兄は、「いささか記述が不十分であったことは認めます」と自己の非を一応は認めておられるようですが、不特定多数の方々を相手に延べ三百万人アクセスを謳っておられるＨＰ上で「嘘つき」呼ばわりし、読者に多大な誤解を与えた貴兄の責任は、単にこのような言明だけですむものでしょうか。少なくとも貴兄のＨＰ上で明確に訂正していただきたいと思います。また、その前提として、私の質問文に、貴兄の回答文、私の再質問文、貴兄の再回答文の全文を掲載されるよう要求します。もちろん、私の質問文が配達証明付郵便であった事実を明らかにしていただいて結構です。

貴兄が、その立場にかかわりなく自由な発言をされることは、当然のことですが、貴兄の自由です。しかし、その発言が、根拠なく相手の名誉や信用を傷つけるものであってはならないということも、また当然の社会的なルールだと思います。人の言動には、社会的な責任が伴います。そのことの自覚の意味で、メールのみならず、配達証明付郵便で送らせていただきました。今回も同様にさせていただきます。悪しからずご了承下さい。

では、ご回答をお待ちいたしております。

遠山　千春

安井氏は「サリンの二倍」という言葉は「ダイオキシン猛毒派」が使った呪われた不適切な言葉であり、市民はやっとのことで、「この言葉は嘘だったのではないか」と感じ始めていると言い、また、それが科学的事実であるかどうか、ということとは全く別次元で語られるべきことだと言う。これは科学的に正しくても、別次元で正しくないと判断されれば、「嘘」になるということを意味している、と考えられる。

別次元とは何かということも問題なのだが、こういう論法が科学的に通用するとは、到底考えられない。したがって、安井氏の「嘘つき」呼ばわりそのものが「嘘」なのであり、遠山氏が求めていることを科学的に説明することもできないのである。そのために、以後の論争で、安井氏は遠山氏の要求に真正面から答えられないので、のらりくらりとはぐらかすしかないのだ。

はぐらかし

次は、この遠山氏の配達証明付郵便と電子メールに対する、二〇〇五年一月十九日付の安井氏からの電子メール。

遠山千春様

㈠　嘘の件

まず、ご要求いただきました、Ｙｅｓ、Ｎｏで答えよとのことですが、これは、今回の物事はそう簡単ではないと、まず申し上げます。

今回のこの議論は、「テレビのような市民とのコミュニケーションを目的としたメディア」

の中で、専門家が「サリンの数倍」という言葉を使うことの違和感から始まっております。

確かに本HPにおける「ダイオキシンの嘘」といえば、例のお二人を代表格として挙げるのが妥当なところでしょう。ただし、このお二人は、過去の事例です。そして、このお二人の果たした機能は、宮田さんの方は、「サリンの二倍」という恐怖感を社会に植えつけたことであり、青山さんの方は、所沢の野菜に壊滅的な打撃を加えたことでしょう。

宮田さんが「嘘つき」なのか、と言われれば、被害者である一般社会はそう見ていると思いますし、私自身、彼はいくつかの誤ったデータと意図的に誤った見解を出したと確信している部分があります。具体的には、栗東地域の分析値、白菜の分析値、それに、母乳摂取の可否に対する見解です。彼の発言が全面的に意図的だったのか、と言われれば、言い訳は多少ありうるかもしれません。当時、ダイオキシンに対する知識が充分ではなく、ヒトという生物のダイオキシンへの感受性なども充分にはわかっていなかったことも留意すべきです。いずれにしても、果たした機能に対する充分な反省もいまだ無いように思います。

青山さんは「嘘つき」なのか。お茶の分析値であることを知りながら、それを放送では言わなかったのですから、これは情報隠しの方かもしれません。ただし、市民側からみれば、「情報隠しも嘘つきの一種」です。これは、最近の様々な企業の不祥事が証明しています。言い訳があることも理解しています。それは、その資料を提供してくれた人に対する秘密保持だったようです。しかし、「その程度の秘密保持を重視したこと自体が誤りだった」と認識しております。

遠山さんご自身が、あのダイオキシン騒ぎの当時、どのような発言をなさっていたのかにつきましては、全く情報を持ち合わせておりません。このような状況ですから、私自身、あのダイオキシン騒ぎ時点とその後において、遠山さんを「嘘つき」などというほど失礼なことはいたしません。例の私のＨＰの文章でも主語が隠れているはずです。なぜならば、あのＮＨＫのニュースを聞いたときに受けた意外な感覚、遠山さんがこんな表現を使うとは意外、というのが本音でしたので、あの放送以前は遠山さんは「Ｎｏ」だと思っていたと表現すべきでしょう。しかし、ダイオキシンで脅かされたという感覚をもっている一般市民にとって、あの忌まわしい表現である「サリンの二倍」がさらに増強され、「サリンの数倍」に変わっておりましたが、「あの表現」を遠山さんが使われたもので、テレビを見つつ、相当な違和感と同時に、宮田さんと青山さん、さらにもう一人（特に記述しませんが）の顔が浮かんだのは事実です。

ここで、逆に質問させていただきますが、遠山さんご自身、あのダイオキシン騒ぎをどのように評価され、そして、宮田さん、青山さんなどのあの当時の発言を、現時点でどのように評価されているのでしょうか。市民は正しい情報を与えられていたとお考えなのでしょうか。市民はダイオキシンを、特に、焼却炉から発生していたダイオキシンを「サリンの二倍」も怖がる必要があったのでしょうか。この質問にＹｅｓ、Ｎｏをまず提示し、お答えいただけると幸いです。そのような状況を充分に理解した上で、今回、「サリンの数倍」とおっしゃったのでしょうか。これも、Yes、Noでお答えいただければ幸いです。

以上が過去に関わる問題です。

以降が現在の問題になります。

遠山さんのこの手紙の中での表現と、あのNHKのニュースの中でのニュアンスは全く違ったものになっていますが、それも、その「サリンの数倍」という言葉のなす悪業のためだと思われます。あの放送の中での遠山さんの表現は、やはり、市民に「ダイオキシンは怖いと思わせる」という表現であったと感じました。

そこでまず、「サリンの数倍」と昨年末という時点で、テレビ放送の中で発言することがどのように評価されるべきか、その議論から始めたいと思います。

第一に、その言葉の意味そのものです。「サリンの数倍」ということを遠山さんがどのような意味でお使いになったのか、それをまずご説明いただきたいと思います。

ダイオキシンの毒性の一部を妊娠中の動物を用いた実験によって、証明されたのかもしれませんが、それが「サリンの数倍」の根拠なのでしょうか。あのダイオキシン騒ぎの時点と比較すれば、ヒトというものに対するダイオキシンという物質の持つ特性も、かなり分かっている現時点で、遠山さんは、「サリンの数倍」という表現をどのような意味で使っておられるのでしょうか。

もしも、内分泌攪乱物質あるいはその延長線上での発生毒性物質としてのダイオキシンの研究の結果がその根拠であるとしたら、なぜ「サリンと比較しなければならないのか」、これを含めてご説明をいただければと思います。

さらに、この内分泌攪乱作用のヒトへの影響につきまして、一九七〇年ごろの母乳中のダイオキシン濃度が、現在の二倍以上であったという歴史的事実をどのように解釈されているのでしょうか。現時点でも、一般市民は、「ダイオキシンの発生毒性」を今でも「サリンの数倍」も恐れる必要があるとお考えでしょうか。さらには、現時点で、母乳中のダイオキシンの危険性をどのようにお考えなのでしょうか。

以上が事実関係です。

以下、その言葉を使うことの適正さの議論になります。

万一、「サリンの数倍」が学問的に正しい表現であったとしても、実際に遠山さんがテレビに登場し、そこで発言する場合に、その表現を使うべきかどうか、という全く別の問題が発生します。それぞれの場面で、どのような表現を使うか、どのような情報を最大限の努力をもって伝達するか、これが学者がテレビに出演する場合の最大の留意点だと考えております。

この点について、あのダイオキシン暗殺事件のニュースの解説として、学問的に「正しいか正しくないか」は別として、すでにある悪業をなした言葉である「サリンの数倍」という表現を、充分な説明無しに使うということには、何かかなり意図があったと思うのですが、それはなんだったのでしょうか。この質問に、まず、意図があったかどうかに対しＹｅｓ、Ｎｏでお答えいただき、その後、ご説明いただければ幸いです。

遠山さんは、市民へのコミュニケーションというものをどのようにお考えなのでしょうか。「学問的に正しいことを言うこと」がコミュニケーションである、とお考えなのではないか、と想像されますが、この想像が合っているかどうか、につきましても、Ｙｅｓ、Ｎｏでご回答をいただければと思います。

以上、遠山さんからの最初のＹｅｓ、Ｎｏに対して、今は簡単にどっちとは言えないという理由です。

㈡　財務省

「財務省」の話ですが、これは前回も申し上げた通りです。化学物質の安心・安全を国家的に行う研究課題の一つとして取り上げ、次期の科学技術基本計画における一つの課題として取り上げるべきだと考えている我々にとって、ダイオキシンと環境ホルモンは避けたい話題です。なぜならば、財務省が「不必要な投資であった」とすでに考えている可能性が高いからです。環境省の一部にも、そのような認識があるような感触です。我々としては、より安心というものの本質的な追求を求め、ダイオキシンと環境ホルモン以外の部分でのこれらの課題の重要性を充分に認識してもらう作業を粛々と続けたいと思う次第です。

㈢　その他

最後に、今回のご転職によって、遠山さんのメディアでの発言の機会は増加するのではないか、と思います。その際、前回も申し上げておりますが、何を考え、何を注意して発言すべきか、十二分にご考慮いただきたいと思います。

メディアは、ある意味で怪物です。自らの明確な意図をもって動いており、その意図にあった餌のみを食べます。今回も、遠山さんの意図とは違って、またまた「メディアのために学者が一方的に利用された」という構図が発生してしまったように思えます。メディアは、人を食べますので、最大限のご注意をいただき、市民へのコミュニケーションをどのような姿勢で行うか、常に明確にされますよう、お願い申し上げます。東大教授などというポジション（国連大学でも同様ですが）は、本当に弱小ポジションですので、メディアなどによって簡単に翻弄されてしまうものです。これは、自らの経験に基づいて申し上げているものです。

学者としてメディアに出るときには、学問的な正確性よりも、市民の側に立ったコメントが望ましいと考えます。最近、「科学と社会」ということが問題にされています。これは、すべての学者・科学者にとって、学問業績を上げる以前の問題として、充分に意識すべき問題だと考えます。学問業績といっても、もしも社会なるものが存在しなかったら、自己満足と極狭い集団の中でのノスィズム（注：帰属団体主義）以外には、何の役にも立たないものなのです。

今回、遠山さんの立場であったら、述べたであろうコメント案は、前メールにて示したつもりです。なぜ、あのようなコメントをなさらなかったのか、これが今回の状況の原点にあるものと考えております。これに付きましても、ご見解を伺えればと思います。

遠山さんとこのようなメールの交換ができたことは、ある意味で重要、かつ、良い機会だったように思います。テレビというものは、「サリンの数倍」が毒性学上正しいか間違いかどうかを議論するような場ではないことを、お互いに確認できる良いチャンスであるという意味で、このように申し上げる次第です。

さらに、学者あるいは専門家は、自分と科学と社会との関係をどのように考えているか、特に、自分にとって社会とはそもそも何なのか、社会に対してどのようなメッセージを出すべきだと考えているのか、社会からどのように信頼を得ようとしているのか、このようなことを明確に表現する必要があると考えています。このようなメールのやりとりが行われる過程を公開できることが、遠山さんご自身の考え方を社会へ伝達するメッセージとして非常に有効ではないかと、余計なお世話ではありますが、強く信じるものです。

最後に、私のHP上での表現を訂正することをご要求ですが、ご回答をいただきましたものを十二分に検討させていただき、主語をぼやかした表現そのものが不十分な表現だったことを認めるときは認め、そして陳謝させていただきます。

この安井氏の返信メールを読んで、すぐに感じるのは、彼が遠山氏がテレビ放送の中で、ダイオキシンの毒性が「サリンの数倍」と言ったことに異様に過敏に反応していることだ。

この毒性評価が科学的に正しいか、どうかは別として、「地下鉄サリン事件」などから、サリンが猛毒物質ということは、世間一般の常識になっている。そのサリンよりも毒性が二倍ないし数倍高ければ、とんでもない猛毒物質ということになる。また、生物への毒性であれば、その程度のバラツキがあっても、何もおかしくはない。

化学物質の毒性を比較するには、同種の動物で、同じ投与方法で行わねばならない。ここではラットに経口的に投与した場合の半数致死量で比較してみる。サリンと最も毒性の高いダイオキシンの半数致死量は体重一キログラム当たり、それぞれ五五〇マイクログラムと二〇〜六〇マイクログラムである。すると急性毒性はダイオキシンのほうがサリンよりも九倍から二十八倍も高いことになる。遠山氏も宮田氏もダイオキシンの毒性をサリンよりも低く評価してはいるが、「嘘つき」とは言えないのである。

安井氏は、宮田氏がダイオキシンの毒性が「サリンの二倍」という恐怖感を社会に植えつけたので、「嘘つき」だと言う。であれば、「サリンの数倍」と言った遠山氏は「大嘘つき」ということになる。

安井氏あるいは安井氏近傍の人々が、かつて「サリンの二倍」で、何らかの相当のダメージを受けたのであろう。それで、二倍が数倍に強化されていたから、また前回以上のダメージを蒙るかもしれない、と思って、不安になり、過敏に反応した、と想像してしまう。

しかし、『市民のための環境学ガイド』というホームページの主宰者である安井氏にしてみれば、被害を受けるのは一般市民である、と言うだろう。

両者の根本的相違

これらの点について、次の遠山氏から安井氏への二〇〇五年一月二十二日付（一月二十三日送信）電子メールが、実に的確に、しかも明快に指摘している。

今回の貴兄とのメール（手紙）のやり取りに関する問題の本質は、貴兄が、あの「追記」において、私を含むダイオキシン関連研究者を揶揄《やゆ》する表現を用いたこと、さらには、井村前総合科学技術会議議員のお名前と財務省の名の下に、研究費の削減などを匂わせ、こうした研究を行っている研究者に対して、恫喝を試みたことにあるのです。つまり、「サリンの数倍という言葉を使うことの違和感から」、躊躇と記述の不十分さがあるとご自分でもお認めになる「追記」を、つい書いてしまったことから始まっているのです。従って、今回、私に新たな質問を提示される前に、まずご自分が不特定多数の人々を対象としたメディアにおいて行った不適切な行為に対して、速やかに誠実な対応を取っていただきたいと思います。

誤解がないように記しますが、貴兄のメールにある幾つかの設問とそれに対する回答を提示することは、ダイオキシン研究という狭い範囲の専門家だけではなく、他分野の研究者、あるいは一般の方々に対しても、有用な情報になるでしょう。しかしながら、現段階で貴兄との間で質疑応答のやり取りを繰り返すことは、今回の問題の本質を曖昧にすることになります（そのことを貴兄が意図しているという意味ではありません。なお、今回の貴兄とのやり取りの中で、貴兄が、少なくとも私が書いた総説・原著論文・著書、ＨＰ掲載記事をお読み頂いていないことを知りました。貴兄の設問の一部については、前職場のＨＰサイト［国立環境研究所環境健康研究領域のトピックス］において、解説記事を掲載していますので、ご覧いただければ幸甚です）。

今回のご返事の「㈢その他」の冒頭で、メディアにおける発言には、「何を考え、何を注意して発言すべきか、十二分にご考慮いただきたい」という忠告を頂きました。このご忠告は、三百万人ものアクセス数を謳っているＨＰの管理者である貴兄に、そのまま、お返しをしておきます。また、メディアに出る際に、「学問的な正確性よりも、市民の側に立ったコメントが望ましい」ということですが、「市民のための環境学ガイド」のＨＰ主宰者の貴兄ご自身は、「市民の側に立っている」とお考えなのだとご自分で判断をしているものと思います。その場合、貴兄はどのような判断基準で、貴兄が市民の立場に立っていると判断をされているのでしょうか？　貴兄のメールには、良識派・シンパという表現もたびたび記載されていましたが、貴兄は、誰のため、あるいは何のための「良識派」だとお考えなのでしょうか？　「自由と民主主義を世界に広めるため」ということを標榜し、罪もない子供たちを虐殺する平和主義者がいることはご存知でしょう。自分から「平和主義者」と称する人の中に、私は本当に無垢の人々のために汗水を流した尊敬できる方がいたことを寡聞にして知りません。

貴兄は、「化学物質の安心・安全を国家的に行う研究課題の一つとして取り上げ、次期の科学技術基本計画における一つの課題として取り上げるべきだと考えている我々にとって、ダイオキシンと環境ホルモンは避けたい話題」と記載されています。また、井村裕夫前総合科学技術会議議員の見解とのことで、「ダイオキシン・環境ホルモンなど、やや特殊な化学物質のリスク関係の研究は、社会的不安を蔓延させることによって予算の獲得を促進した」（二〇〇四年十二月二十八日付メール）もので、「まともに化学物質の管理の問題を考えようとするグループにとって、もしそれが真実だとしたら、そのような意図をもった研究者集団の存在は極めて迷惑」（二〇〇四年十二月二十八日付メール）との貴兄の見解を記しています。「我々」「グループ」が具体的に誰々を指すかもさることながら、その際に、「財務省が『不必要な投資であった』とすでに考えている可能性が高いから」との言い訳も述べています。私は、これが、総合科学技術会議の化学物質問題イニシャティブ座長の言葉かと、唖然としました。財務当局の意向（威光？）に対して、専門家としてのイニシャティブも発揮できずに、真に国民にとって役に立つ科学技術計画を立てることができるのでしょうか？　ダイオキシンを含む様々な環境有害因子と健康に関する研究領域は、我が国の縦割り行政の仕組みにおいて、総合科学技術会議が設定している「環境」と「ライフサイエンス」の狭間に押しやられている感があります。特に、G8環境大臣によるマイアミ宣言のテーマである「子どもの環境保健」については、国家的イニシャティブの下に優先的に推進すべき課題なのです。

生命の成り立ちと生命体のもつ恒常性維持システム、あるいは化学物質を含む環境要因による生命の攪乱などの生命現象を研究している研究者は、私たちが解明したと思っていることは、生命現象を支える仕組みの中のほんのわずかな部分に過ぎないことを認識しています。また、往々にして、間違った理解をしていることを経験します。これらの現象に関して学術研究から得られた事実に対して、我々は、虚心坦懐に謙虚に、向かい合わなければなりません。化学物質によるリスクを科学的事実に基づき、正しく評価して、はじめて適切な資源配分をする根拠を提示できるのです。

前回の私の返事の中で明確に記したように、ＮＨＫインタビューにおいて、私は、ダイオキシンが有する致死毒性はサリンが有するような急性致死毒性とは異なること、さらには、私たちが日常的に環境や食事から摂取している量のダイオキシンが、ユーシェンコ氏のような病態を引き起こすことはないことを明確に説明しました。貴兄は、ご返事の中で、私の返事は、インタビューとはニュアンスが全く異なると言われました。「サリンの数倍」のところだけ聞いて、あとのことは耳に入らなかった方がいたとすると、おっしゃる通りかもしれません。しかし全体を通して見聞きしていただいていれば、貴兄のような見解を持つことはないと、私は思います。今後とも「市民のための環境学ガイド」ＨＰをお続けになるのであれば、他人の言葉尻を捉えるだけでなく、全体の文脈で冷静にお考えいただき、覚めた頭脳をお持ちの際に、ＨＰの記事をお書きになることをお勧めいたします。

ここで、提案です。

(一)「追記」の記載に関して、貴兄のHPにおいて訂正・陳謝すること。その際、「主語をぼかした表現をとったことにより、遠山を含む不特定多数のダイオキシン毒性研究者が、ダイオキシンの有する毒性についてこれまで嘘の情報を発表して来たとも理解される記載をしたことの非をみとめ、陳謝します」と記載してください。

(二)この手紙を含むこれまでの我々のやり取りの全てを、貴兄のHPにおいて「編集抜き」に公開をすること。貴兄も言われるように、我々のやり取りは、リスクコミュニケーションにおける様々な問題を考える上でも、また貴兄のメッセージをより明確に「市民」に伝えるためにも役立つと思います。

これらのオプションのどれを選択するかは貴兄の自由です。ただし、速やかに誠実な対応を取って頂けない場合には、私のほうで、何らかの措置を取ることも辞さないことを申し添えておきます。

私はこの遠山氏のメールを読みながら、つくづく感心した。理由は次の四点である。

その第一は、自ら『市民のための環境学ガイド』などと標榜する人の中に、本当に市民の側に立って、環境問題に汗水を流す人がいないことを明確に示そうとしていること。

第二に、「化学物質の安心・安全を国家的に行う研究課題の一つとして取り上げ、次期の科学技術基本計画における一つの課題として取り上げるべきだと考えている我々」や「まともに化学物質の管理の問題を考えようとするグループ」がどういう人々なのか、を問題視していること。

第三に、安井氏が総合科学技術会議の「化学物質問題イニシャティブ」座長として、不適格と考えていること。

第四に、「生命の成り立ちと生命体のもつ恒常性維持システム、……適切な資源配分をする根拠を提示できるのです」の文章は、無限の変数が支配する生命や精神、そして環境や自然の前では、人間がいかにちっぽけな存在であるか、を自覚していること。

これが安井氏や中西氏や渡辺氏などと遠山氏や我々との根本的な相違である。ダイオキシンや環境ホルモン問題に対する本質的な考え方の違いも、ここに原因がある、と考えられる。

このメールに対する二〇〇五年一月二十三日付の安井氏の返信メールを次に記す。

本日、メールを受領いたしました。

本メールは、お返事の内容を充分に検討をした上で記述しておりません。単に、どの部分について、お返事をいただいたか、という検討だけをしまして、急ぎお返事申し上げております。

その結果、これでＨＰに掲載するには充分だったという判断をいまだできません。当方からさせていただいた質問に、ほとんど何一つご回答をいただいていないからです。むしろ、私がニュースを聞いた際に瞬間的にいだいた疑念が増強されるようなお返事であったようにも思えます。

もしもご回答いただけないのであれば、せめて、それぞれについて、「回答できない理由の記述」、あるいは、単に「回答を拒否する」というコメントをいただきたいと、思います。

最終的に、ご希望の通りに、私のＨＰに掲載させていただく場合には、それぞれの質問に関しましてご回答が無い場合には、当方にて、「回答を拒否された」と記述させていただきたいと思います。

何とも奇妙な返信である。返事の中味を充分に検討せず、自分のどの質問に、どのように答えたか、ということだけしかチェックしてないというのだ。

私には、それすらも充分にチェックしていないと判断できるのに、それでも結局、何一つ回答していないと結論する。

その前に、この論争の原因となった遠山氏の質問にしっかりと答えるべきなのに、遠山氏がどういう考えで、どういう意図で「サリンの数倍」という言葉を使ったのか、などという新たな質問を次から次へと繰り出し、それに答えないので、自分も答えられないと言う。

遠山氏が宮田氏と同じグループと見做せれば「嘘つき」で、そうでなければ「嘘つき」ではない、と言うつもりなのだろうか。本末転倒も甚だしいとしか、言いようがない。

安井氏の手前勝手な回答

次は、遠山氏の二〇〇五年一月二十五日付の安井氏への返信メールである。


貴兄から「本メールは、お返事の内容を充分に検討をした上で記述しておりません。単に、どの部分について、お返事をいただいたか、という検討だけをしまして、急ぎお返事申し上げております」とのメールを頂戴しました。私が返事を差し上げて三十分後に、このメールを受領しました。すでに二日、経過しましたので、内容を十分にご検討いただいたことと存じます。

貴兄は、「もしもご回答いただけないのであれば、せめて、それぞれについて、「回答できない理由の記述」、あるいは、単に「回答を拒否する」というコメントをいただきたい」と要請されました。下記のように、私からお送りした返事の中に、今回、貴兄からのお問い合わせに対する回答は明記されていると私は考えます。重要な問題に関することですので、今後、返事をお書きになる際には、十分に相手の返事の内容を検討されてから、返事をお書きになることをお勧めいたします。

貴兄に送付した上述の私からのメールにおいて、私は、以下のように書きました。

「（前略）従って、今回、私に新たな質問を提示される前に、まずご自分が不特定多数の人々を対象としたメディアにおいて行った不適切な行為に対して、速やかに誠実な対応を取っていただきたいと思います。

誤解がないように記しますが、貴兄のメールにある幾つかの設問とそれに対する回答を提示することは、ダイオキシン研究という狭い範囲の専門家だけではなく、他分野の研究者、あるいは一般の方々に対しても、有用な情報になるでしょう。しかしながら、現段階で貴兄との間で質疑応答のやり取りを繰り返すことは、今回の問題の本質を曖昧にすることになります。（そのことを貴兄が意図しているという意味ではありません。以下略）」

上記の主旨が、今回、貴兄の設問に個別には回答をしなかった理由です。

貴兄のご要請の設問に対する回答については、貴兄が、これまでの我々二人の間のやり取りを貴兄のＨＰにおいてすべて公開された際には、貴兄のご質問の主旨を十分に検討のうえ回答をすることをを、お約束いたします。なお、このメールをはじめ、一連のメールのやり取りも公開していただきたいと思います。

それでは、ＨＰにおける公開の速やかな対応をお待ちしています。


私には、どう考えても遠山氏の言っていることのほうが当を得ており、安井氏の言っていることが理解できない。遠山氏がどういう立場で、どういう意図があったにせよ、安井氏が遠山氏の発言を「嘘つき」と言った以上、遠山氏の質問に答えるべきである。

この遠山氏のメールに対し、安井氏は二〇〇五年一月二十九日付の次のメールを返信した。

いよいよ最終局面だと思われます。

先日、充分吟味をしていないという緊急メッセージをお送りいたしました。それは、当方からの質問に対して、「一切回答しない」、という行為は、この手の交換メール型の対話においては、「全面敗北を認める」ことを意味しますので、それは是非避けていただきたいという意図を持ったものでした。残念ながら、機能いたしませんでしたが。

また、この交換メールを公開することをお望みですが、どうせ公開するのであれば、すべてをご回答いただくことが、市民社会への情報伝達という点から見ても、最善のことだと考える次第です。科学者が自分の考え方を公開することは、社会への責任の一部だとも思う次第です。

このところ、全く時間不足でしたので、お返事が遅くなりましたが、これが、最終と思われる電子メールと「配達記録」という尋常とは思えない方法をとったお手紙をいただいたときに抱いた正直な感想でした。

さて、それでは、当方としても最後のまとめをさせていただきたいと思います。

これまでも述べてきたように、遠山さんの過去については、特に理由は無いのですが、むしろ「信頼していた」と言った方が良いと思います。

今回、非常なる違和感をもったのは、やはり、あの「サリンの数倍」という言葉でした。すなわち、あの時点で適切な表現であったかどうか、ということです。そして、何回ものメールのやり取りによって、やはり、私のもった嫌な違和感が、どうも正しかったのではないかという確信に近い感覚を得たように思います。

遠山さんは、あのテレビの放送を取材されたときに、ある目論見あるいはある意図をもって、そして、やはり一般市民に特定の方向性をもった強い印象を与えるために、あの呪われた言葉「サリンの数倍」を使ったのではないですか。

「サリンの二倍」という言葉が、なぜ呪われた不適切な言葉なのか、いまさら繰り返すまでもありません。「一般市民を人質」にとって「自らの主張を通す」という方法論を実行するために、本物ではない一部の研究者が使ったからです。彼らの発言は、単なる「嘘」というよりも、「市民への脅迫」であったと評価すべきだと思います。

「サリンの数倍」という表現が学問的に正しいということを説明したいと、当初のお手紙にはありましたが、とうとう、その正当性を主張されないままに、終結を迎えてしまいました。むしろ、当方としては、回答無しという形の終り方は、一方的な印象を読者に与えるために、挽回のチャンスを差し上げたつもりでしたが。

このような状況から判断すると、遠山さんは、やはり、この言葉を彼らと同様の使い方をされたと推測ができます。嘘という言葉で表現するには、不適切かもしれません。嘘という言葉は、この言葉の持つ犯罪性に比べれば、余りにも軽すぎる言葉かもしれないからです。

それにしても、当方からの質問になぜ回答をしていただけないのですか。回答をしないのは、論点を曖昧にするからだ、というのは単なる逃げ口上に過ぎません。どこにも正当性があるとは思えません。他人には向かってYes、Noで答えよといった非常に強い主張をし、その答えが返ってくると、その答えと同時に来た質問になんら答えることもなく、「その問いに答えることは、論点を曖昧にする」という回答文を出すことは、あまりに他人を馬鹿にしていませんか。論点を明快にするために、Yes、Noで答えよという質問をし、また、同様の質問が帰ってきたのではないですか。

「ご回答が無い」とするのならば、これで両者が意見を交換できる限界に到達したようにも思えます。そこで、これで終了にさせていただきたく存じます。

これから先は、メールの交換とは多少別物で、老婆心からのご忠告と、今後の対応に関するご相談です。

遠山さんは、余りにも無防備です。そのような無防備な状態で、公衆の面前でご意見を述べられたり、あるいは、公開のHPでの戦いを行うのは危険です。もっと慎重に、かつ学問的な正当性だけを主張するのではなく、社会的にみて良心的なスタンスをお取りになるべきです。まあ、好意的に見れば、まじめすぎるのではないですか。ただし、一市民としてまじめなのではなく、ある学問分野の閉じた世界の中でのまじめさだとは思いますが。

さらに、誰が原因かは知りませんが、国立環境研には、歴史的に「マッチポンプ」体質が見え隠れするのです。化学物質リスク関係の国立系の研究所の中でも、どうも異質だな、という感触をもっている人々が多いのは事実です。

東京大学医学部にも、同様にマッチポンプ的な方が居られますが、大学に移られたことで、もっと自由な発想が可能になりますので、是非、悪い先輩を見習うことの無いよう、そして、科学の社会的役割を充分に配慮した発言をお願いします。

最後に、遠山さんの他人の批判のやり方はやや独断的にすぎます。敵をわざわざ作るようなものです。そして、他人の批判を全く自らの糧に変えることが出来ない方のようです。今回の様々な表現は、一般市民社会が、遠山さんの人格を理解することができますので、プラスかもしれませんが。

加えて最終的な確認です。

この強い表現をそのまま掲載したのでは、総合科学技術会議、内閣府、環境省、さらには、財務省、このすべてを敵に回します。本当によろしいのですね。まあ、ダイオキシン、環境ホルモン関係の研究費の獲得は、当分の間、科研費による研究費以外は、まず望み薄ですから、同じことかもしれませんが。

これからは、具体的提案です。まず、HPに最初に掲載いたしました主語を曖昧にした「嘘をついた」という表現の取り消しはいたしません。遠山さんの特性が今回のメールのやり取りで明らかになり、むしろ、市民にとって「市民を人質に取りかねない敵」になる可能性を感じましたので。

そもそも、最初のメールでご説明したように、テレビという公開の場で発言された言葉について、誰がなんと感じようと、また何という感想を述べようと、それは、全く自由です。公開の場で行われた不適切な表現は、批判されるのがむしろ当然なのです。まあ、そのときには、余り強い疑念を持っていた訳ではないので、主語を曖昧にし、「いずれにしても」と一般化した上で、余り直截的ではない表現にいたしました。遠山さんがこれでなんらかの不利益を蒙るとは思えない表現です。

ただ、遠山さんの過去については、むしろ信頼していたという表現を加え、今回のテレビの表現だけを問題にしたいと思います。この修正は、このメールの発信と同時にいたします。その修正をした旨を付加いたします。

ということです。もし、特段の返信が無ければ、ご要望の通り、私のＨＰに掲載いたします。現時点であれば、まだ取り消しは可能です。いずれにしても、数日間お待ちします。いかがいたしましょうか。

このメールでも、安井氏のダイオキシン専門家に対する偏見と蔑視の激しさが看取できる。そして、奇妙なことに、その原因が「サリンの二倍」あるいは「サリンの数倍」という言葉にあることも分かる。

それは、これらの言葉が呪われた不適切な言葉であり、ある目論見あるいは意図を持って使われた、と安井氏が信じ切っているからだ。

つまり、この言葉は「ダイオキシンは猛毒だ」という嘘の認識を一般市民に植え付け、その認識により、一般市民を脅迫し、人質にとって、自らの研究費を獲得しようとする、怪しからぬ連中、本物ではない研究者が使った、と考えているのだ。

どうして、安井氏がこの言葉に、これ程までに執着し、忌み嫌うのか、私にはまったく理解できない。

私は遠山氏との、この論戦だけでなく、後述する安井氏の私への非難と中傷にしても、無防備なのは、むしろ、安井氏のほうではないか、と考えている。

私は科学者や研究者は少なくとも学問的な正当性は主張すべきであり、それが科学者や研究者たる者の最低限の責務と考えている。

安井氏の言う「社会的にみて良心的なスタンス」とは何なのか、理解できない。科学的には「嘘をついて」国民を安心させたり、政治的に配慮することを意味しているのであれば、それは科学者として、自殺するに等しいだろう。

安井氏は遠山氏の批判のやり方を独断的と言っているが、独断的なのは明らかに安井氏のほうだ。安井氏はそれだけでなく、偏見と蔑視にも凝り固まっている。科学者としては、あまりにも御粗末だ。

また、最後のパートでは、遠山氏に対して、研究費絡みの恫喝を行い、市民にとって「市民を人質に取りかねない敵」になる可能性まで感じた、と言っている。

安井氏が正当な理由もなく、他人を誹謗中傷したり、脅迫したりするのは今回に限ったことではないが、それはあまりにも人権を無視している。

遠山氏にしても私にしても、また多くの研究者にしても、その時点での科学的知見に基づき、自ら真実と信じ、正しいと考えることを発言し、記述している。それによって、市民を人質に取り、何かのために利用しようなどということは、微塵も考えていない。このことは、次に記す遠山氏の返信メールの中の回答でもよく分かる。

そして、安井氏はメールの最後で、自身のホームページに、遠山氏の要望通り、二人の交換メールを掲載する、と明記していることを忘れないでほしい。

遠山氏の総括

この安井氏のメールに対する返信を、遠山氏は二〇〇五年二月二日付で送付する。

ここで、遠山氏はまず「これまでの経緯と問題の所在」という文面で、今回の問題の発端から、その所在、そして安井氏のメールの中に書かれている事実と異なること——これは遠山氏と安井氏のメールを比較すれば、分かることなので省略——に対する反論を事細かく行った上で、両者のメールの全文を安井氏のホームページに掲載することを条件に、安井氏の質問に回答する。その回答を、それぞれ全文のまま記載すると、以下の通りである。

㈠ダイオキシン「騒ぎ」について

貴兄はダイオキシン「騒ぎ」と言われます。「騒ぎ」という表現は、環境保健分野におけるダイオキシン類のリスク評価と管理のまじめな試みを、揶揄する不適切な表現であることを指摘しておきます。例えば、九十八年には、国際的にはWHOが中心となってダイオキシン類の毒性について再評価を行いました。それまでの発癌や慢性毒性中心のリスク評価から、感受性が高い時期（注：胎児期や乳児期）におけるダイオキシン曝露に伴う発生毒性・学習・記憶機能・免疫機能へのリスク評価を重視した時期です。それまで、ダイオキシン類には含めていなかったコプラナーPCBをダイオキシン類として、一括してリスク評価をしたのもこの時です。つまり、ダイオキシン毒性問題は、貴兄が言うような「避けて通りたい問題」でなく、真正面から向き合うべき課題であるということが国際的な認識でした。現在でも、こどもの環境保健の観点からも、ダイオキシン・PCBやその他の環境残留性の高い物質の複合曝露影響が、国際的にも注目を浴びているのです。

さらに付言をすれば、「化学物質と環境円卓会議（第十一回）」の「環境ホルモン」に関する貴兄の講演スライドによると、貴兄はT. Colborn女史らが上梓された「奪われし未来　Our

Stolen Future』の副題に、A Scientific Detective Story（科学探偵物語）を見つけ、「すなわち、環境ホルモンは「フィクション」として始まった」と記載されています。彼女の仕事で評価されるべき重要な点の一つは、それまでの膨大な断片的な科学的情報を読み解いて、環境中に存在する微量の化学物質が、子宮という小宇宙において次世代の子どもたちの健康を阻害している可能性を指摘したことだと思います。もちろん、現時点で振り返ってみると、科学的には訂正が必要なことが少なからずあります。しかし、彼女のメッセージは、環境分野のみならず、生殖・脳科学・内分泌・免疫学など広範な分野の第一線で活躍をしている研究者に受け入れられました。だからこそ、国際的にも「環境ホルモン」に関する学術的な共同作業も進行したのです。環境問題の開拓者に与えられる大きな学術賞であるブループラネット賞が彼女に贈呈されたことからも、根も葉もない事実をもとに作り上げた「フィクション」でないことは自明でしょう。「フィクション」という一言で、こうした国際的な学術共同の営為を葬りさるような態度は、私の物差しによれば、およそ研究者のものとは呼ぶに値しないことをお伝えしておきます（なお、私個人は、小説としてのフィクションを愛好していることを申し添えます）。

日本における科学技術政策のうちの化学物質管理の企画立案に携わり、国連大学副学長の地位にある貴兄が、国内外の情報を正しく認識した上で、本当に「市民のための環境学」を考えておられるのか、大変、心配に思った次第です。

㈡宮田氏と青山氏について

当時の宮田氏と青山氏の発言についての私のコメントをとのことですが、彼らがいつどこでどのような発言をしたかを、文書として明示していただかないと、何ともお答えのしようがありません。ダイオキシン毒性（分析を除く）文書だけでも四千件以上の論文があり、毎年四百から七百件の新たな論文が出版されているのです。

宮田氏は、カネミ油症問題以来、ダイオキシン・PCB分析を専門になされた方と認識しています。当時、様々な焼却場などから排出基準を大幅に超えるダイオキシン類が環境中に排出されていることが報告され、ダイオキシン分析できる大学・研究所・会社も少なく、分析技術も今ほど進んでいない状況下で、宮田氏が地域住民の依頼を受けて、ただちに学術論文にはならない類の仕事として、分析をされていたことには、むしろ敬意を払いたいと思います。ただし、その分析値や彼の発言の的確性については、貴兄から論文など具体的情報の提示も無い状況で、責任を持って判断をすることはできません。

青山氏については、久米宏氏のニューステーションで一 - 二回、拝見をしました。青山氏には大変失礼ですが、私は青山氏が民間の環境問題の研究所に所属している方ということ以上の情報を持っていません。

以上、宮田氏と青山氏の発言については、研究者として、貴兄のHPを通して不特定多数の方々に意見を表明するような情報は持ち合わせておらず、ＹｅｓともＮｏとも言うことはできないという回答になります。

㈢サリン毒性との比較について

焼却炉から出ていたダイオキシンを「サリンの二倍」ということで怖がる必要があったかどうか、という設問は、質問の内容が曖昧であり、お答えが困難です。ちなみに、貴兄が言われるような、「サリンの二倍」という言葉が「呪われた」「悪行をなした」言葉であったという認識は、私にはありません。推測の域を出ませんが、一般の方々にとって、ダイオキシンの毒性に対する怖さとは、ベトナム戦争の枯れ葉剤などによる奇形のイメージのほうが具体性を持っているのではないかと思われます。

いわゆるサリンのような数分から一時間以内に症状がでる毒性と、数週間から数か月で影響がでることが報告されている、ダイオキシンのような毒性を、単純に比較することは不適切です。また、動物種や系統、投与・曝露経路などによって、半数致死量には、大きなばらつきがあります。その中で、「二倍」と「数倍」ということは、あまり意味がありません。私の意図としては、ヒトにおけるおよその致死量が判明している物質であれば、青酸カリやヒ素などを例示しても良かったのです。非常に微量で影響をもたらす物質という意味合いで使用しました。だから、「ダイオキシンの毒性はサリンの数倍」ではあるが、サリンとは違って、ダイオキシンの毒性は、数週間ないし数か月後に出てくるタイプの毒物であることを述べたのです。一般の方々が環境・食事から日常的に摂取する量のダイオキシンによって、ユーシェンコ氏の病態は生じる心配がないことは明確に話しました。しかし、この致死量でサリンとダイオキシンとを比較をすることは、TVのニュースのように時間的にも極めて限られており、編集が入るようなメディアの場では必ずしも適当ではなかったと反省しています。

以上、まとめると、一般の方々が、ダイオキシンをサリンの二倍ほど怖がる必要があったか、そしてこの状況を十分に認識した上で、サリンの数倍と言ったのかという点については、貴兄が主張されるような認識を持たずに発言をしたが、嘘をついたと非難される筋合いの話ではないと考えます。

㈣感受性が高い時期の動物に現れる毒性について

安井さんが「発生毒性」と表現される部分について回答します（注：一一六ページ）。この部分は、ユーシェンコ氏のような成人が一回曝露をした件に関するNHKニュースの私の発言とは、全く関係がないことです。過剰なダイオキシン曝露が無い、通常の環境で生活をしている人々において、私たちの体内には、食事や環境からダイオキシン類が蓄積しています。この体内負荷量（血液や皮下脂肪など体内濃度と便宜的には見なして良い）に比べて、感受性の高い胎児期の曝露に伴う生殖器官や機能への影響、さらには免疫系・記憶学習機能への影響は、影響の種類により幅がある数値となりますが、体内のダイオキシン濃度が（注：現在の我々の汚染レベルの）十倍から数百倍程度の濃度で生じることが動物実験から判明しています。この動物実験の結果をヒトに適用する場合に用いられる安全係数十（注：十で割って、より厳しい基準値にすること）を考慮すると、それほど安全域があるとは言えない状況です。したがって、感受性が高い時期の動物に現れる毒性の問題と、「サリンの数倍」とを結びつけることは、毒性学的には意味がありません。むしろ、このような胎児期曝露をサリンの毒性と結びつけて質問される安井さんは、急性毒性と慢性毒性の違いをご理解になって言われているのでしょうか。これが貴兄の質問から受けた率直な感想です。

(五)母乳との関係について

このご質問も、今回の私のＮＨＫの発言とは関係ないことです。サリンのような急性毒性との比較と、母乳摂取の問題を結びつけることは、毒性学的には全く意味がありません。また、母乳の摂取の適否に関してですが、ダイオキシン耐容摂取量に関する評価文書（ＷＨＯや環境省・厚生労働省のもの）にも記載されているように、母乳の利点に鑑み、特別な事故などの事例は別として、通常の環境においては推奨するべきと考えております。この点は、貴兄がリンクを張っておられる、私の前職場である国立環境研究所・環境健康研究領域ＨＰのトピックス欄においても記載済みのことです。母乳が出るお母さん方が、母乳を捨ててまでして乳児に与えない、というような対応をとる必要は無いということです。

㈥ＴＶにおける「サリンの数倍」の表現について

既に述べたように、時間の制限から舌足らずの表現になることが想定されたＴＶニュースのような場面では、使用するべきではなかったと考えています。ただし、貴兄は、私の回答を無視されていますが、すでに前のメールにも記したように、「サリンの数倍」でＴＶを切らずに最後まで私の説明を見聞きしていただいた方であれば、私の説明の主旨を理解され、いたずらに不安を感じることは無いと思います。従って、上記三に記載のように、「特別な」意図はなく、答えはＮｏです。

㈦市民へのコミュニケーションについて

リスクの認識については、対象となる方々一人一人の置かれている状況により、千差万別です。その時点において学問的に正しいことと学会で広く認められていることをもとに、化学物質のリスク・コミュニケーションを行うことは、必要条件と考えます。その際には、大多数に当てはまる総論と、特定の集団・個人に該当する各論とを考慮して、説明をすることが必要と思います。従って、答えは、簡単にＹｅｓともＮｏとも言えないということになります。言うまでもなく、マスコミ情報の中にも有益なものも多々あります。しかし、研究者が、社会的にも何らかの影響を引き起こす可能性がある重要なコメントをする場合には、二次情報のみに頼って判断することは避けるべきで、学術論文はじめ学会の最新情報に基づいて判断をするべきことは言うまでもありません。また、冷静なるコミュニケーションが望まれるのであって、根拠のない悪口やレッテル貼りは、厳に慎まなければならないと考えています。

この遠山氏の回答にはダイオキシンに限らず、あらゆる化学物質の毒性評価やリスク・コミュニケーションのあり方が過不足なく、端的に述べられている。

この後、遠山氏は安井氏からの「ご忠告と今後のご相談」なる記載について、という項で、まず、このような忠告をする前に、潔く自らの非を認め、謝罪することを安井氏に要求する。

それから、東京大学医学部と国立環境研究所に「マッチポンプ」体質がある、という安井氏の言及を問題とし、具体的事実を示して、明確に指摘することを求める。

私がすでに記した研究費絡みの恫喝についても、これが本当に、東京大学教授、国連大学副学長、総合科学技術会議「化学物質問題イニシャティブ」座長の言葉かと愕き、権力を持つ者がその権力を笠に着て、他者を脅すなどという不正義は認めない、と強い調子で非難する。

さらに、安井氏がこの恫喝に際し、幾つかの省庁名を出していることに対して、あたかもそれらの省庁がそのような歪んだ決定をするかのように、国民に誤解を与え、省庁のイメージダウンに繋がることも指摘する。

最後のパートでは、安井氏の「テレビという公開の場で発言された言葉について、誰が何と感じようと、また何という感想を述べようと、それは全く自由です」という文章に対しても、それがとんでもない考え違いだ、と一刀両断のもとに切り捨てる。

そして、他人を侮辱し、他人の名誉を傷つけるような発言をする自由は何人にも認められない、と主張する。これは次の章『ある名誉毀損裁判』での課題でもある。個人のホームページ上の言論の自由と名誉毀損の問題だ。

続いて、遠山氏は安井氏が、このような勝手な認識で、ホームページ上の発言をしているのであれば、ホームページ掲載を中止するか、あるいはその認識を改めて、掲載を続けるか、の二者択一を勧める。

最後に、遠山氏は安井氏からの質問に答えたのだから、約束どおり、この二人のやり取りを修正・改変しないで、時間的順序で、安井氏のホームページに、速やかに掲載することを再度、要求する。

もし、この条件が満たされない場合には、遠山氏のほうで公開を含む然るべき対応をとることを述べ、筆を擱いている。

以上が遠山氏と安井氏の論争の一部始終である。

その後、彼のホームページに、この論争が掲載された様子もない。それで、最初に示した「『環境と健康』問題とその研究にご関心のある方々へ：」というメールにより、オープンにしたのである。

本書の出版が間近に迫った二〇〇七年八月下旬、私は遠山氏に例のＮＨＫのテレビ出演の日時の件で、確認の電話をした。その時、私は遠山氏から意外なことを聞かされた。それは、

「私の安井さんとのこの論争は、遠山が自分に都合がいいように編集して、公表した、などと言っている人がいるんですが、そんなことは絶対にありません。何かあれば、こちらにも考えがあります」

ということだ。

私は世の中にはおもしろい人がいるものだと思ったが、ここに記した遠山氏と安井氏の論争には、遠山氏の修正も改変も何も入っていない。私も、遠山氏から安井氏への最後のメールの初めと終りの部分を要約した以外は何の手も加えていない。

私はそのようなことを遠山氏から聞き、最後に一言明言しておかねばならないと考えた次第である。

私への中傷とその反論

安井氏のホームページ『市民のための環境学ガイド』に、私に対する誹謗中傷が記載されていることを最近知った。

その経緯はこうだ。二〇〇七年の正月も明け、本書の執筆に取り掛かろうとしていた頃、共同研究者から研究のことで電話が掛かってきた。用件が一段落したので、私はこれから書こうとしている本の話をした。遠山氏と安井氏の論争についても、一つの章で扱う予定であることを話した。

すると、共同研究者はとんでもないことを私に告げた。

「安井さんのホームページは私も時々、覗いてますが、何年か前、先生のことも載ってました。まあ、あまりいいことじゃないんで、気にされないほうがいいでしょうけどね……」

そんな風に言われると、益々気になる。

「どんなことで、いつ頃?」

私は訊ねた。

「詳しい内容はもう忘れました。あれはボストンでダイオキシン国際会議があった年ですから……二〇〇三年だったと思います」

安井氏のホームページは遠山氏のことがあったので、この時、すでに知っていた。電話の後、ホームページを開くと、四百五十万件以上のアクセスを示していた。これは延べ件数だ。実際には、ほとんど固定客のような人が繰返しアクセスしているのだろうから、読者の実数はかなり減るだろうが、それでも結構な数だ、と思った。

私の名は二〇〇三年五月十一日付『メディア・学者の無知が生む恫喝』というかなり過激なタ

イトルで、長い記事の終りの部分にあった。そこではC先生――これは恐らく安井氏だろう――と学生のA君、B君が会話する形式で、ストーリーが進む。

私に関係する、終りの部分はあまり長くないので、三名の会話をすべて記載する。

C先生：以上で、北九州のPCB処理をめぐっての林田雅浩氏の記事の話は終りだ。ところが、もう一つ記事があって、それがなんと油症研究班の一員だった九州大学助教授長山淳哉氏が主人公なんだ。長山氏は、油症患者の肝がん死の確率が、五・六倍も高いと著書に書いているらしいが、そのデータはどこを探しても出てこないそうだ。

A君：この小倉タイムスの記事ですか。長山氏曰く、「PCBを積んだタンクローリーが転覆したら、住民は全員移住ですよ。そこにはもう住めません」。

C先生：それがPCB処理施設反対派の論拠を与えることになった。

B君：PCBを積載したタンクローリーが転覆して、PCBが数トンも流れ出ることがあれば、それは結構大事かもしれない。しかし、急性毒性が高い訳ではないから、落ち着いて、防護を考えながら除去作業に従事すれば良い。その後、土壌汚染の大規模処理は必要になるだろうが。

C先生：大体、そんなことが起きないように対策を練るのだ。世の中、タンクローリーがそんなに転覆しているか。処理すべきPCBは、全部で五万トン。原油の消費量は二・五億トン

／年で、原油からできる製品のかなりの部分がタンクローリーで運搬されている。
A君：PCBですから、ガソリンよりは厳重な積載方式を取るでしょう。
B君：誰かがPCBジャックでもやらない限り、PCBがぶち撒かれる可能性は極めて低い。
A君：長山氏は、その講演会で参加者からの、「二十〜三十年前、PCBは普通に使われてきたのに、その何が怖いのか」、という極めてもっともな質問に対して、「何が起きるか分からないことが怖い」と答えたそうです。
C先生：さる学会の場で長山氏の講演を聴いて質問をしたことがある。そうしたら、なんと「ノーコメント」という回答だった。学会の場で「ノーコメント」は無いだろう。学者としての良識が無い人間だという印象だった。今回の記事を見ると、長山氏には、恐らく、リスク管理などという発想が皆無なのだろう。多少、PCB、ダイオキシンに対する知識があるかもしれないが、渡辺先生の指摘によれば、そのデータソースは怪しいらしい。環境を語るには、全体を見渡してバランスの良いリスク管理とは何かについての何か直感があることが条件だが、長山氏にそれは無いということが証明された記事だと言えるだろう。まあ、環境音痴だ。
A君：無知ではなく音痴ですか。
B君：まあ同じこと。環境音痴が結果的に市民を恫喝している。
C先生：メディアは、それなりの商売だから、ある程度のセンセーショナリズムは仕方が無い部分がある。しかし、学者がなぜセンセーショナリズムにハマルのか。有り得る理由は、(1)

それで研究予算が取れる場合がある、⑵良心を殺してでも目立ちたい、とか、⑶新聞に出ると偉くなった気分になれる、といったところまでは理解できるのだが、これでは解釈が不十分のような気がする。どうもそれ以外にもあるに違いない。しかし、全く理解できない。

まず、「長山氏は、油症患者の肝がん死の確率が、五・六倍も高いと著書に書いているらしいが、そのデータはどこを探しても出てこないそうだ」の所と、ずっと後の「渡辺先生の指摘によれば、そのデータソースは怪しいらしい」という、C先生の話の部分。

これは第二章『ダイオキシンは神話か』で詳しく説明した。だから、ここではもう、繰り返さない。お忘れになっていれば、そこを読んでいただきたい。

次はA君の小倉タイムスの記事のことだ。

私は二〇〇一年六月二十三日、北九州エコタウン内に建設予定のPCB処理施設に反対する地域住民の要請で、PCBの毒性と人体への影響について、講演した。

この時のことを、小倉タイムスが記事にして、報道したらしい。というのは、この記事のことは、この時までまったく知らなかった。これをA君が言っている。

私はこの話を書くに際し、五年半も前の記事のことを、小倉タイムスに問い合わせた。何故なら、タンクローリーなどということを私が言う筈がないからだ。

処理するPCBはトランスやコンデンサーに絶縁用に使われていたものと、潤滑油などに使用された液状のものがある。トランスやコンデンサーはそのものを運んで来る。また、液状のものはドラム缶に入れて、厳重に保管されている。タンクローリーなどでは絶対に運べない。

この小倉タイムスの記事をそのまま記すと、以下のようになる。

ヘッドラインは少々過激で、『PCB事故起これば住民は全員移住』となっている。

二十三日午後、若松区の小石公民館で「響灘を危険物のごみ捨て場にするなの会」（南部和見代表）は長山淳哉九州大学助教授を招いてPCB学習会をし地元住民ら六十人が参加した。

長山助教授はスライドでPCBやダイオキシンのメカニズムと危険性を説明。「ダイオキシンのターゲットは人間。化学的物質の影響は胎児が最も影響を受けやすい。生殖器、免疫のシステムが機能奇形し子孫に引き継がれていく可能性があり問題」「経済は人が健康であることが基礎。良好な健康状態の確認が持続可能な社会で経済の発展になる」と話した。

参加者からの質問の「PCB搭載の車が横転しPCBがこぼれたらどんな影響が出るのか」に長山助教授は「住民は全員移住」。会場はエッー、と驚嘆の声。同助教授は続けて「住んだらダメ。住めません。長期間にわたってPCBが残る。このような場合アメリカでも強制撤去」。

「二、三十年前はPCBは日常的に使われていたのに、PCBは何が怖いのか」の質問に「何が起こるか分からないのが怖い」と同助教授は答え「欧米では住民は主権者という意識が強い。市民パワーが強い。それが民主主義」と話し、するなの会にエールを送った。

私はこの記事のように、単刀直入には話していないと思うし、文章として気になる所がいくつかある。それはそれとして、結果は予想通りだった。私はタンクローリーなどということは一言も言っていない。

参加者からの「ＰＣＢ搭載の車が横転し、ＰＣＢがこぼれたら、どんな影響が出るのか」という質問を、安井氏が勝手に、あのように脚色したのだった。

再びＡ君の発言「長山氏は、……、『何が起きるか分からないことが怖い』と答えたそうです。」これは私は、その日の話の内容から、どんな毒性が現れるか、分からないことが怖い、と言ったのだろうと思うが、これには様々な視点がある。

まずは毒性上の問題。ＰＣＢ処理施設で処理されるＰＣＢは色々と使用された後のものであるということ。つまり、未使用のＰＣＢではないということなのだ。

カネミ油症の場合にも、熱媒体として使用されていたために、ダイベンゾフランの量が未使用のＰＣＢに含まれるよりも、二百五十倍も多かった。

そういうことで、使用後のＰＣＢには何が含まれているか分からない。未使用のものより、かなり危険と考えられる。そのようなＰＣＢで汚染されれば、少なくとも一時的には居住できない、と考えた。それで「住民は全員移住です」と言ったのだと思う。ダイオキシンで汚染されたイタリアのセベソのように。

また、未使用のＰＣＢの毒性はそれ程高くない。しかし、国際ガン研究機関（ＩＡＲＣ）はＰＣＢを人の発ガン性物質と認定している。だから、急性の致死毒性はそれ程ではなくても、ガンの発症やその他の健康影響が危惧される。

さらに、当初、ＰＣＢはカネミ油症の原因物質と考えられており、その毒性や環境汚染が問題となった。そのために、一九七二年、国内での製造と使用が禁止された。

三十年前には、何も知らずに使っていたのだ。盲、蛇に怖じず、とはこのことだ。安井氏は何をもって、参加者の質問を、極めてもっともと考えたのだろうか。私には、このことのほうが理解できない。

加えて、色々な化学物質による複合影響も考えねばならない。すると、その影響は益々分からなくなる。

結局、私はそう言わざるを得なかったのだ。

二つ目は運搬上の問題。たとえば、トラックは、そんなに簡単には転覆しないだろう。ドライバーは細心の注意を払って、安全運転に徹するだろう。しかし、それでも事故は起きる。

二〇〇七年二月九日、岡山市内の高架上、タンクローリーが横転して、カセイソーダが流出した。原因は交差する県道から延びた側道との合流地点で、合流してくる乗用車を避けようとして、タンクローリーのドライバーが急ハンドルを切ったためだった。

自分は安全運転を心掛けていても、対向車がぶつかって来ることもある。

私には、一つの強烈な記憶がある。

あれは都内中心部での講演を終え、タクシーで羽田へ行く途中のことだった。レインボーブリッジの上で、ちょうど信号停止していた。対向車線のブリッジでも何台かの車が信号待ちしていた。その最後尾は普通乗用車で、前は大型トラックだった。

その時、乗用車の後ろから、大型トラックが近づいて来た。私はそのトラックが乗用車の後ろで停まるものと思って、見ていた。ところが、そのトラックは速度を緩めることなく、乗用車に追突してしまった。乗用車は二つの大型トラックに挟まれ、ぺしゃんこになり、見る影もなくなった。

翌日の朝刊には、一家四人死亡の記事が載っていた。

一寸先は闇。何が起こるか分からない、とはこのことだ。

次に、私が問題とするのはC先生の「学会の場で『ノーコメント』は無いだろう。学者としての良識が無い人間という印象だった。」という発言。

安井氏と私は八ヶ岳ロイヤルホテルでの異分野研究者交流フォーラム以前に、一度、出会っているようだ。それは、日本農薬学会が主催した第六回農薬レギュラトリーサイエンス研究会のシンポジウム『農薬の影響評価と環境保全』だ。

このシンポジウムは例の異分野研究者交流フォーラムの一か月ほど前、二〇〇〇年二月二十四日と二十五日の二日間、埼玉県熊谷市のホテルヘリテイジで開催された。

その時の七名の講師の中に、安井氏と私がいた。安井氏は私の発表の前の演者だった。

私の講演が終った時、一人の男性が質問した。それが安井氏だったようだ。

内容は次のようなものだった、と思う。

「環境ホルモンは逆U字型の量・反応関係を示すことがある、と言われています。先生はこれをどのように考えられますか？」

通常、化学物質の量・反応関係は直線型やシグモイド（S字）型を示す。この場合、化学物質の濃度が高くなるほど、反応や影響は強くなる。

ところが、環境ホルモンの場合には、濃度があるレベル以下だと、そのレベルまでは濃度が高くなるにしたがって、作用は強くなる。しかし、そのレベル以上になると、今度は逆に、作用が弱くなってしまう。

このような量・反応関係は、Uの字を逆さにしたような形になるので、逆U字型という。

この種の二相性の作用は生体内反応ではよく見られる。

たとえば、怪我をした時。『怪我＝出血＋感染』というイベントに対して、止血と免疫という生体防御システムの作動開始という形で応答する。

ここでは、まず最初に、マクロファージと血小板が応答して、内因性カンナビノイドを産生、放出する。応答の初期では、微量のカンナビノイドが血小板、感覚神経、免疫系細胞を賦活《ふかつ》するので、初期応答は著しく促進される。ところが、これらの反応が進み、ある量以上のカンナビノイドが産生されると、今度は逆に、血小板をはじめとする各種細胞の応答性を抑制する。そうでなければ、免疫過剰になり、過度の凝集により血栓が生ずることになるからだ。つまり、内因性カンナビノイドがネガティブフィードバックをかけるのである。

このようなネガティブフィードバック機構は、甲状腺ホルモンと甲状腺刺激ホルモンの関係でも見られる。

甲状腺ホルモンの血中濃度が、あるレベルよりも低い時には、脳下垂体からの甲状腺刺激ホルモンの分泌が促進され、高まる。ところが、あるレベル以上になると、逆に甲状腺刺激ホルモンの分泌は抑制され、低下するのである。低濃度では反応を促進し、高濃度では逆に抑制するという二相性の制御機構は、血小板の凝集、免疫系の細胞、感覚神経細胞などで観察される。

しかし、環境ホルモンについては、その時点で、そのような反応型はあまり認められていなかった。というか、まだ、ほとんど研究されていなかった。

今後の研究結果を見なければ分からないので、「ノーコメント」と言ってしまった、記憶がある。少し配慮が足りなかったかも知れない。しかしそれが「学者としての良識が無い人間だという印象だった」とまで言われる筋合いはない。

そのことが、安井氏のホームページで、このように表現されているとは、まったく信じられないことだ。

私が「ノーコメント」と答えた時、安井氏は、それ以上は何も言わなかった。ノーコメントの意味を訊こうともしなかった。

最後に、リスク管理というものにも多くの問題がある。

というのは、リスクを考えるに際し、考慮される要因には限度がある。つまり、主要な幾つかの要因しか考えない。そして、それらの要因の変動域も知れている。

しかし、事故が起きてしまうと、いつも予想が外れている。

たとえば、考えもしなかった、まったく別の要因が原因であったり、考えられた要因であっても、予想した変動域を大幅にオーバーしたりしている。いわゆる、不測の事態という奴だ。

事故を起こした方はそれを理由にして、雀の涙ほどの賠償金を支払えば、一件落着だろう——しかし、それだけのことにも、何十年もかかったりするのだが……。

ところが、被害者はそうはいかない。命を失ったり、一生を棒に振らねばならなかったりする。金でけりがつくことではないのだ。今までの公害や健康被害の歴史が、そのことを如実に示している。

安井氏の言う「バランスの良いリスク管理」とはこういうことだ。

たとえ、そのようなリスク管理が社会的必要悪といえども、私はそれを認めたくない。

そういう意味では、私は安井氏の言う環境音痴の立場を取っているのかもしれない。しかし、環境無知ではない。音痴と無知は全く違うのだ。失礼にも程がある。

また、安井氏は私がここに抜粋した会話の前の部分でも、肝ガンによる死亡とC型肝炎ウィルスとの関係について、例の渡辺・林両氏のおかしな説を披露している。すでに記したタンクローリーのことにしても、ＰＣＢのことにしても、無知なのは安井氏のほうだ。

このような安井氏のホームページの記載は言論の自由の名の下に、許されることなのだろうか。不当に他人を侮辱し、名誉を傷つけるような記述は、いつ、いかなる場合にも、何人にも認められない筈だ。

安井氏も、次章の中西準子氏も、この程度の話を不特定多数の人がアクセスするホームページに、さも科学的であるかのように記載しているのである。

弁明のできないホームページでの言論の自由と名誉毀損。これは次章の裁判でのテーマでもある。

第四章　ある名誉毀損裁判

発端

この裁判は二〇〇五年三月十六日、京都大学地球環境学大学院教授松井三郎氏が独立行政法人産業技術総合研究所化学物質リスク管理研究センター所長、前横浜国立大学教授中西準子氏を名誉毀損で、横浜地方裁判所に提訴したことから始まる。

ことの発端は、二〇〇四年十二月二十四日、中西氏が自分のホームページの雑感に『環境省のシンポジウムを終って――リスクコミュニケーションにおける研究者の役割と責任――』という記事を掲載したからである。

訴状によると、この雑感記事の中に、松井氏の名誉を毀損する行為があった、としている。

ここで言う、環境省のシンポジウムとは、二〇〇四年十二月十五日〜十七日、名古屋国際会議場において、環境省の主催で開催された「第七回内分泌攪乱物質問題に関する国際シンポジウム」のことである。

問題のセッション六「リスクコミュニケーション」は十二月十七日、午後三時から五時半までで、座長は中西氏と京都大学大学院工学研究科教授内山巌雄氏だった。

このセッションの演者と演題を発表順に記すと、次のようだった。

木下富雄（甲子園大学学長）リスクコミュニケーションの思想と技術

吉川肇子（慶応義塾大学商学部助教授）内分泌攪乱化学物質に対するリスク認知
山形浩生（評論家・翻訳家）一般人の誤解と専門家のかんちがい：環境問題の何がなぜわかりにくいのか
松井三郎（京都大学地球環境学大学院教授）消費者、製造業者、行政、科学者の間で、産業によって製造された内分泌攪乱物質のリスクコミュニケーション
日垣隆（ジャーナリスト・作家）環境リスクとジャーナリズムの問題点

この雑感で中西氏が問題視している松井氏の発言を、中西氏が提出した当日のテープの反訳から抜粋すると次のようになる。

松井氏は環境ホルモンやダイオキシンの作用やそのメカニズムを分子レベル・遺伝子レベルで説明した後、

「もう一つ、最後になりますけど、我々は予防的にどうやって次の問題に繋げるのか、今回学んだ環境ホルモンの研究はどうやって生かせるのか。私は次のチャレンジはナノ粒子だと思っています。ご存知のようにナノテクノロジーがこれからどんどん進展します。私はその事自身は非常に重要と思います。人類が地球上で生存するために大変重要な技術と思います。しかし、ここに書いてあるように、ナノ粒子の使い方を間違えると、新しい環境汚染になる。我々はこのナノ粒子の問題に、どのように対応できるかが一つのチャレンジだと思っています。時間が来たので、

ここまでにします」

こう言って、『ナノ粒子　脳に蓄積』というヘッドラインの二〇〇四年八月二十八日付京都新聞記事のスライドを、スクリーンに映し出しながら、発表を終ったのである。

この発表のどこに問題があるのだろうか。環境ホルモンやダイオキシンの毒性研究から得られた成果を、次に問題になる可能性があるナノ粒子の研究に繋げよう、と言っているだけである。

ここで、そもそもの問題の発端となった、中西氏の雑感の全文を掲載する。

雑感二八六――二〇〇四・十二・二十四「環境省のシンポジウムを終って――リスクコミュニケーションにおける研究者の役割と責任――」

影響の大きさをできるだけ正確に伝えるのがまず第一に必要

（以下のやりとりは中西の記憶に頼っているので、間違いがあるかもしれない）

環境省主催「第七回内分泌撹乱物質問題に関する国際シンポジウム」（十二月十五～十七日、於：名古屋）の、第六セッション「リスクコミュニケーション」の座長という役を終わった。もっと、もめるかと思っていたが、特にもめるということもなかった。

私が、ここで強調したことは、環境ホルモン問題のリスクコミュニケーションの功罪をきちんと整理すべき時に来ていること、環境省は是非、このことを一年以内にやって欲しいこと、第二に、リスクコミュニケーションにおける研究者（学者）のスタンスや責任をきちんと考えようということである。

しばしば、マスコミの責任が言われるし、当日、日垣隆さんは、もっぱらその話をしていたが、学者（?）の関係しない報道は無いわけだから、また、常に、最初の情報は学者から出ているので、学者は最も責任のある立場にあるとも言える。それを自覚して欲しいし、わが国の環境ホルモン騒動でも学者の責任は大きい。

また、リスクコミュニケーションの議論では、学者は第三者みたいな立場で、研究し発表しているが、それが納得できない。自分で、危険を冒してリスク情報を出すべきではないか。自己の責任としてのリスクコミュニケーションについて、研究するという立場であってほしい。

環境ホルモンのような失敗を繰り返さないためには、環境学者は「危ない」と言うときに、その危なさは、大体どんな大きさなのか、その影響はいつ頃出てくると考えているかについて、まず、説明すべきだと思う。大まかでいいが、影響の大きさを推し量りながら研究すべきで、こういう推測をする方法の科学は、研究者にとっては、共通基礎科目みたいなものである。私は、冒頭このような問題提起をした。

誰が、影響の大きさを判断すべきか？

これに対して、パネリストの中からも異論が出た。吉川肇子さん（慶応義塾大学）からは、それは定量的な数値として出せということか、という疑問が出された。

山形浩生さん（評論家・翻訳家）は、何らかの評価を出すことは必要だが、それは、研究者本人では無理かもしれない、むしろ、経済学者などが判断するのでもいいではないかという意見を出した（例示あり）。数量で出すのか？という吉川さんの疑問に対し、山形さんは、結局最後は数字になっていると答えた。

フロアからも、そんなこと研究者が出来る筈がないという意見が幾人かから出された。これに対する私の考えはこうである（一部加える）。

吉川さんの質問については、山形さんの答えと同じで、最後は緊急度や重大さに応じて、研究費を配分し、または、施策にしていかねばならないので、最後は数字になる。評価は定性的なものしか不可能と言ってみても、予算配分は数字になるのだから、その時点で定量的な重み付けが行われている。

研究者がその影響の大きさを分からないのであれば、研究者以外の人が重み付けをすることになるのだが、それでいいのだろうか？　最後は議会とか他の専門家も入った委員会で決めるとしても、最初は、自分で重みを主張すべきではなかろうか？　本当に、研究者の意見も聞かず、第三者機関だけが判断するだけでいいのか、そこを考えるべきである。

もし、研究者自身が、どのくらい重要かの判断ができないのであれば、研究者がTVに出て〝重大な問題です〟ということは言うべきでない。新聞記者にも言うなと言いたい。自分は分からないのだから。

環境ホルモン問題では、企業も被害者と言っていい場面があった。その責任はとらなくていいのか？

一番明瞭なのは、カップラーメンのカップから環境ホルモンの一種スチレンダイマーとスチレントリマー（両者をスチレンと略す）が溶出するという問題であった。

この物質は、SPEED九八のリストに取りあげられ、そして、溶出するという報道で（この元は、横浜国大における中西の研究室に在籍していた助手による実験結果だが、本人は、そういう実験ではないと言っている）、不買運動まで起き、十五％も売り上げが落ちたという。多分、小さな企業ならつぶれていたであろう。最終的には、溶出もせず、ホルモン様活性もなく、SPEED九八のリストから外された。

水俣病のような事件で、企業の責任や国の責任を追及するのは当然である。それと同じように、スチレンの場合には、このリストを作ることに荷担した学者や行政、不買運動を呼びかけた市民運動などは、責任を感じて当然だろう。

金銭補償をするかどうかは別として、少なくとも悪かったと言う、なぜそうなったかを説明する、二度と同じ過ちを繰り返さないようにするにはどうすべきか考えるくらいは、当然だろう。なぜ、そう考えないのだろうか？

企業も被害者になる、被害者は国民で、加害者は企業というような固定した関係ではないと言ったら、会場の複数の女性達から、奇妙な声が発せられた。どうして自分たちも間違うことがある、そして、迷惑かけたと考えられないのだろうか？

加害者と被害者の関係は、固定的なものではないということは、山形さんも述べていた。

如何に間違った情報が流されたか？

男性の精子数が、この五十年間に半減しているというスキャケベク教授の報告は、大きな衝撃を与えたが、今ではこの論文のような結論は導き出せないことは、多くの人が認めている。このことについては、日垣さんが大変丁寧な説明を行った。また、マダイの雌化みたいな報道についても触れ、環境ホルモン問題でNHKが果たした役割（負の役割）が大きかったことを述べた。

これについて、会場から「私たちの周囲には、子どもに異常があって、苦しんでいる人が多い、みんな心配している、それなのに×××」という意見が出された。×××のところの言葉を、はっきりとは聞き取れなかったのだが、どうも、環境ホルモンの影響がないというのか、というような意味だった様である。

私などは、こういう質問を聞くと、何を言っているのだろう、それが、環境ホルモンの影響でない可能性の方が大きいのに、と思うのだが、実は、質問者のような発想をする人が意外と多い。

私がダイオキシンのリスクは小さい、気長に少なくするしかないし、それで十分だと言うと、「これほどキレる子がいるのにほっとくのですか?」とか、「最近障害を持って生まれてくる子が多いのをどう思うのですか?」と聞かれる。

確か、日垣さんも言っていたが、もしキレるのがダイオキシンのせいなら、ダイオキシンはどんどん減っているので、もう安心といえる。また、障害をもった子どもが多くなっているという結果もない。なによりも、原因を決めつけることくらい対策から遠い行為は無いのだが、どうして、こう決めつけるのだろうか?

最初の情報発信に気をつけよう

環境ホルモン問題では、最初に出された情報が皆の頭の中に染みつくと、そこから抜け出すことが如何に難しいかを教えてくれる。そして、この最初の情報は、学者が出し、学者が増幅していることに注意を喚起したい。

今後は、ここに気をつけよう。

パネリストの一人として参加していた、京都大学工学系研究科教授の松井三郎さんが、新聞記事のスライドを見せて、「つぎはナノです」と言ったのには驚いた。要するに環境ホルモンは終わった、今度はナノ粒子の有害性を問題にしようという意味である。

スライドに出た記事が、何新聞の記事かは分からなかったし、見出しも、よく分からなかった（私の後ろにスクリーンがあり）ナノ粒子の有害性のような記事だったが、詳しくは分からなかった（読みとれなかった）。

そのとき、私は最近外国で問題になっている、オーバーデルスターの論文の記事かと思った。それは、ナノ粒子を含む水中にオオクチバスを入れると、四十八時間で脳の一部と考えられている臭球に移行し、脳の脂質に酸化ストレスを与え、障害を引き起こす可能性あり、また、このメカニズムはほ乳類にもあり、という論文が今年の三月に出て、問題になっている。

私は、たまたま二日ほど前に、その論文を読んだ。そして、注目すべきだが実験条件は整備されていないし、問題が多い論文だなと評価した。

その論文だと思ったのだが、帰宅して新聞記事検索をかけると、New York Timesなどには出てくるが、日本の一般紙には出ていない。したがって、別の論文の紹介のようである。その内容がどういうものかは分からないのだが、いずれにしろ、こういう研究結果を伝える時に、この原論文の問題点に触れてほしい。

学者が、他の人に伝える時、新聞の記事そのままではおかしい。新聞にこう書いてあるが、自分はこう思うとか、新聞の通りだと思うとか、そういう情報発信こそすべきではないか。情報の第一報は大きな影響を与える、専門家や学者は、その際、新聞やＴＶの記事ではなく、自分で読んで伝えてほしい。でなければ、専門家でない。

もう一つ気になることがある。それは、様々な大学が開いている市民講座、社会人講座などでの講義の内容である。

講義の内容を時々目にするが、かなりの講師がその原論文を読んでいないことが分かる。つまり、新聞に出たり、××本に出たものを、そのまま持ってきて教材にしている。これは、どうみても専門家の責任を放棄しているとしか言いようがない。

学者は、その論文の内容を、教材に使う、講演の素材に使う、新聞やＴＶで使う、そういう時に、必ず論文を読むべきだ。非専門家に話す時には、必ずそうしてほしい。それが、専門家として期待されていることだから。

その一歩を踏み間違えないこと、それがリスクコミュニケーションで最も重要なことだと私は考える。

やや話題がずれるが、ナノテクについてのシンポジウムがあるのでお知らせする。私も、少し話す。

情報：二月一日に、シンポジウム「ナノテクノロジーと社会」――未来を切り拓くナノテクノロジーとその課題――が開かれる。

（次に書かれていた、このシンポジウムのホームページのアドレスは省略）

抗議と謝罪

この雑感を読んで、私は幾つかの違和感を覚えた。それを順に列記すると、次のようになる。

㈠環境ホルモン問題のリスクコミュニケーション（一言で言えば、我々を取り巻くリスクに関する正確な情報を、住民などの関係主体間で共有し、相互に意思の疎通を図ること）の功罪と言いながら、中西氏の頭の中には罪のことしかないのではないか、と思った。

㈡通常、我々学者や研究者がマスコミに対して、「危ない」と言う時には、必ず、その影響の大きさや発生時期などについても、言及する。「危ない」だけでは、いくらマスコミでも乗ってきはしない。ただし、それらが実際に報道されるか、というと、それはマスコミ側の判断になる。

私の場合、新聞や雑誌の記事については、事前に原稿を見せてもらうことにしている。そして、問題があれば訂正してもらう。しかし、稀に、何の連絡もなく、記事にされることがある。そんな記事を読む時は、冷汗ものだ。

問題はテレビである。これは放送前に、そのビデオを見せてもらうことができない。それで、自分では、チェックが不可能だ。だから、テレビ局の取材では、発言には特に気をつけねばならない。

私もマスコミに登場した初期には、テレビだけでなく、新聞や雑誌も含めて、そういう点での失敗があったと思う。だが、それに気がついてからは、市民に誤解を与えることがないように、注意しているつもりである。このようなことはマスコミに対する、科学者の一般的な姿勢と思っている。ついでに言えば、あの小倉タイムスの記事は、まったく知らされていなかった。

㈢ここにも中西氏の嘘がある。それはカップラーメンのカップからのスチレンダイマーとスチレントリマーの溶出のことである。

実際に、カップからの溶出実験をしたのは、国立医薬品食品衛生研究所食品添加物部第三室長の河村葉子氏だった。

松井氏から、このことを知らされた河村氏は、すぐに中西氏に抗議のメールを送る。

そのポイントを列記すると、次のようになる。

まず、スチレンダイマーとスチレントリマーはスチレンとは別の化合物だから、両者をスチレンと略記するのは誤解を招く畏れがあるので、よろしくない。

スチレントリマーが即席めん一食当たり四〇マイクログラムほど溶出する。その後の東京都の分析でも、ほぼ同様の結果が出ている。したがって、「最終的には、溶出もせず」という文章は、科学的に正しくない。

また、スチレンダイマーとスチレントリマーには多くの研究で、エストロゲン様活性（注：女性ホルモン〔エストロゲン〕様作用により生殖器形成異常などが生ずること）が認められている。ということで、「ホルモン様活性もなく」という文章も誤りだ。「ＳＰＥＥＤ九八のリストから外された」件について。当時でさえ、エストロゲン性を示す報告がかなりあった。にもかかわらず、プラスチックや即席食品の業界が助成した四つの論文だけをもとに、エストロゲン活性がない、と結論し、早々とリストから外した環境省の検討会のほうが問題だ、と指摘する。

これに対して、中西氏は二〇〇五年一月二十日付けの雑感二八九『謝罪』の中で、次のように述べている。

基本的には見解の相違、あるいは文章表現の簡略化による問題ではないかと思っていますが、送って頂いた論文リストの中に、私が読んだことがないものもあり、或いは新しい情報を知らなかった、また、私の認識が固定化してしまっていて、新しい情報・発見による修正が行われていなかったこともあったのかと危惧しております。

したがって、きちんと調べて私なりの見解を出すまでの間、二八六の本文は引き下げることに致しました。

もう一度検討し、私なりの考えを発表します。私に非のあることについては、その時点でもう一度謝罪させて頂きます。

そして、年度内に結論を出す、とした。

二〇〇五年三月三十一日、まさに年度の最終日の雑感二九八のタイトルが『スチレンオリゴマー（注：オリゴマーとは同種の分子が数個ないし数十個結合した重合体で、分子がスチレンの場合、スチレンオリゴマーと言う。スチレンが二個あるいは三個結合したものを、それぞれスチレンダイマー、スチレントリマーと言う）についての記述の訂正と補足記事』となっており、この問題に対する結論と考えられた。

まず、ポリスチレン容器からの溶出の件。

……、国立医薬品食品研究所の河村葉子さんによって、スチレンダイマーとトリマーの溶出が発表された。

溶出量は少なく、かなり過酷な条件での溶出というのが私の記憶であったが、今回いくつかの関係論文を読むと、通常の条件でも溶出が確かに認められており、私の記述は適当ではなかった。

私が、このことにあまり注意を払っていなかったのは、その後、健康影響が否定されてしまったからだと思う。ダイマーやトリマーが溶出せずは、私の間違いだった。ここに訂正します。

ということで、中西氏は、即席食品のカップから比較的容易に、スチレンダイマーとトリマーが溶出することは認めた。

また、ホルモン様活性については、次のようになっている。

……経産省から出された有害性評価（＊）でも、「多くの研究によってスチレンダイマー、トリマーのエストロゲン様活性は否定されている」としている。また、いくつか陽性の試験結果はあるものの、そこで示されている活性は非常に弱いと報告されている。やや古く、私自身は読んでいないが、旧厚生省の報告も同様の内容と報道されていた。

大山さんらの二〇〇一年の研究結果では、ｉｎ ｖｉｔｒｏ試験（注：試験管内での実験）で陽性と出ているが、環境省の検討書でも経産省の有害性評価でも評価対象にした上で、特に問題なしと結論している。環境省の検討書では、同じＥ‐ｓｃｒｅｅｎ（注：試験管内での実験の一つ）での試験を行い、否定的な結果を得たとして、「Ｅ‐ｓｃｒｅｅｎ法は、細胞の増殖がみられたとしても、その原因がエストロゲン様作用によるものか否かの判断がこれ自体として難しい」（＊＊）としている。

こういう微妙なことは、私には判断できないので、この道の専門家の判断に従っている（その試験結果からリスクをどのように評価するかについては、いささかの経験があるが、こういう試験法の問題点については判断能力がない）。

環境省の判断以後に出た、大山らによるｉｎ ｖｉｖｏ（注：動物実験）の結果（二〇〇三）は、ラットを用いた実験で陽性と出ている。また、すでに環境省の評価対象であった報告のなかには、ｉｎ ｖｉｖｏ試験で陽性というのがある。

それらの実験の妥当性については、私は判断できないが、厳密に言えば、「ホルモン様活性は環境省の検討会、経産省の有害性評価によって否定されている、たとえあったとしても、極めて小さく」とする方が正しいかもしれない。しかし、われわれがここで問題にするのは、人の健康に影響があるかという点であるから、その意味で、現在までの知見では影響なしでいいと考える。

＊スチレンダイマー、スチレントリマーの有害性評価（経済産業省、二〇〇四）

＊＊環境省　平成十二年度第一回内分泌攪乱化学物質問題検討会資料「スチレン二量体・三量体に関する検討（案）」

以上が、中西氏の雑感二九八である。

この種の化学物質に最も感受性が高く、影響を受けやすいのは胎仔（児）である。そういう点から言えば、環境ホルモン学会での学会発表であって、論文ではないが、二〇〇三年と二〇〇四年の十二月に報告された大山謙一氏——東京都健康安全研究センター——らの研究は胎仔期曝露の結果であり、特に重要と考えられる。

これらの動物実験の結果は、二〇〇四年の経済産業省の有害性評価の際にも考慮されていないだろう。

というのは、通常、このような評価の対象となるのは論文として発表された研究であって、学会発表ではないからである。

私にとって、理解できないのは、中西氏の最後の文章だ。

つまり、「われわれがここで問題にするのは、人の健康に影響があるかという点であるから、その意味で、現在までの知見では影響なしでいいと考える」という文章。

これまでの話はすべて培養細胞や動物での実験で、人の研究は何一つ行われていない。スチレンダイマーやトリマーに対する人の感受性も分かっていない。それなのに、何故、現在までの知見では影響なし、と考えるのだろうか。

私だったら、「現在までの知見では、人への影響は分からない」とするか、「できれば、早急に疫学研究を行う必要がある」とするだろう。それも、胎児への影響に焦点を当てた疫学研究を。そして、その影響は生殖系だけでなく、脳・神経系や内分泌系、免疫系でも研究されねばならない。しかも、分子レベルで。

私は、中西氏の雑感二八九『謝罪』の中にある、「私の認識が固定化してしまっていて」という文章の中の「固定化」という言葉に特に注目する。

というのは、中西氏にしても、渡辺氏にしても、安井氏にしても、その研究は終ったとか、もう結論が出ている、という風に考える傾向がとても強い。つまり、早々に固定化してしまうように思えるからだ。

第一章でも述べたように、特に疫学研究では、我々が実際に研究できるのは標本であって、母集団ではない。一つの研究が終っても、それは無数にある一つの標本の結果でしかない。だから、同じ母集団の研究であっても、標本が違えば、結果が同じになるとは限らない。なのに、早々と結論を出し、それで固定化してしまう。「嘘つき」などという言葉が簡単に出てくるのも、そのためだろう。

科学は生き物のように、変化し、流動し、一つの結論に留まることはない。我々はこのことを肝に銘ずる必要がある。

とは言っても、最終的には、一つの結果、つまり母集団の結果に収斂するのだが。

ついでながら、大山氏たちが二〇〇七年の初めに発表した論文によれば、胎仔期にスチレントリマーに曝露した雄ラットでは、生後、肛門生殖器間距離が短縮し、生殖器や脳の重量が減少するのだが、その曝露レベルは実際に、妊婦がカップメンから摂取する量よりもやや多い程度だった。つまり、現実に、胎児に影響が出てもおかしくないレベルなのだ。

これで、スチレンオリゴマーの話は終りにして、再び、二〇〇四年十二月二十四日付の雑感二八六『環境省のシンポジウムを終って――……』の問題点に戻る。

㈣障害を持った子供が多くなっているという結果は、本当にないのか。

このことについてはすでに、第一章の形態奇形と機能奇形の発症率増加のところで、お話しした。

この増加の原因はまだほとんど解明されていない。しかし、有害物質が関与している可能性がない訳ではない。この視点からの研究が是非とも必要だ。

また、一九九〇年代の後半、子供が欲しくても、妊娠しない夫婦は十組に一組程度だったらしいが、それが最近では、七組に一組と言われるようになっている。その原因として、子宮内膜症の増加と精子数の減少など両性に係る問題が指摘されている。

子宮内膜症については、一九九八年、WHOがダイオキシン類の耐容一日摂取量を決定する際、胎仔期曝露により、これを発症した動物実験の結果を考慮した。

精子数の減少については、様々な研究結果があり、まだ、結論が得られていない。男性の精子数が五十年間で半減というスキャケベク氏の結果も否定されてはいない。これらの原因がダイオキシンや環境ホルモンと決めてかかることもないが、また、原因ではないと早々と結論することもできない。何故なら、まだ、原因究明のためのどのような研究も行われていないのだから。

ここまでの所でも、中西氏のこの雑感には、こんなに問題があり、認識が固定している。

名誉毀損で提訴

それはさておき、ここからが今回の名誉毀損に関わる記事である。つまり、「最初の情報発信に気をつけよう」の部分だ。

それでは、この部分のどこが、どのように問題なのだろうか。

それを知るために、名誉毀損で提訴した原告松井三郎氏の代理人、中下裕子弁護士が二〇〇五年三月十六日にプレスリリースした書面をそのまま掲載する。

本件名誉毀損裁判について

一．本件訴訟の概要

(一)　当事者

原告：松井三郎・京都大学地球環境学大学院教授、文部科学省特定領域研究班（平成十三～十五年度）「内分泌撹乱化学物質の環境リスク」代表

被告：中西準子・独立行政法人産業技術総合研究所化学物質リスク管理研究センター所長、前横浜国立大学教授

(二)　請求内容

①慰謝料および弁護士費用として金三百三十万円の支払い

②「中西準子のホームページ」への謝罪文の掲載

③日本内分泌撹乱化学物質学会発行のニュースレター「Ｅｎｄｏｃｒｉｎｅ　Ｄｉｓｒｕｐｔｅｒ　ＮＥＷＳ　ＬＥＴＴＥＲ」に謝罪広告の掲載

㈢　名誉毀損行為の内容

i　環境省主催の「第七回内分泌攪乱化学物質問題に関する国際シンポジウム」（平成十六年十二月十五日〜十七日、名古屋市で開催）の第六セッション「リスクコミュニケーション」に、中西氏は座長として、松井氏はパネリストの一人として参加した。

ii　その後、中西氏は、自らのＨＰに「雑感二八六・二〇〇四・十二・二十四『環境省のシンポジウムを終って——リスクコミュニケーションにおける研究者の役割と責任』」と題する記事を掲載し、その中で、松井氏が、

①「環境ホルモン問題は終った、次はナノ粒子問題だ」というような発言をした

②新聞記事のスライドを見せたが、原論文も読まずに記事をそのまま紹介した旨の記述をした。

しかしながら、松井氏は、自身の環境ホルモン研究結果から、ナノ粒子の有害性に言及し、新聞記事のスライドを紹介したのであって、中西氏の上記の記述は事実に反するとともに、松井氏の名誉を著しく毀損するものである。

iii　松井氏が抗議したため、中西氏は二〇〇五年一月二十日にこの記事を削除した。しかし、松井氏に対する名誉回復措置は何ら講じられていない。よって、前記㈡の内容を求めて、本件提訴に及んだ次第である。

二．提訴に至った理由

本件は、決して、松井氏が個人的な名誉回復だけを求めて提訴したものではない。松井氏が提訴に踏み切ったのは、次のような理由からである。

(一)　批判そのものが悪いというのではない。むしろ、科学の発展は、建設的批判抜きにはあり得ないといっても過言ではない。しかし、いやしくも「科学者」である以上、他者を批判するときは、少なくとも他者の意見をよく聞き、事実に基づいて、合理的根拠を示して行うべきは当然である。本件のように、碌に他者の発言も聞かず、事実も確認せず、一方的に他者の名誉を毀損するような決めつけを行うことは、「科学者」の名に値しない行為である。ましてや、中西氏は単なる一科学者ではない。科学者を指導育成し、国の科学技術のあり方を決定するという重責を担っている。前記シンポジウムでも、「リスクコミュニケーション」問題の座長を務めていたのである。本件行為は、そのような立場にある者の言動として、看過できないものである。

(二)　さらに、中西氏は、「環境ホルモン問題は終った」と考えておられるようであるが、これは大変な間違いである。松井氏らの研究成果からも、環境ホルモン問題は、複雑ではあるが、人の健康や生態系にとって、決して看過できない重大な問題であることが明らかになっている。したがって、今後も、ますます精力的に研究を進め、有効な対策を講じることが求められている。中西氏のように、国の科学技術のあり方を決定する立場の人が、そのような誤った認識を持ち、その結果、国が政策決定を誤ることになれば、国民の健康や生態系に取り返しのつかない事態も招来しかねない。特に、次世代の子どもたちの発達や健康への悪影響が懸念される。近年、学習障害（ＬＤ）、注意欠陥多動性障害（ＡＤＨＤ）などの発達障害やアトピー、喘息などのアレルギー児が増加しているが、その原因のひとつに環境中の化学物質の影響が懸念されているのである。松井氏は、研究者として、国民の一人として、中西氏のこのような誤りを断じて見過ごすことはできないものと考え、貴重な研究時間を割いて、敢えて本件提訴に踏み切ったのである。

この訴状から、松井氏が問題にしているのが、次の二か所であることが分かる。

まず第一に、「パネリストの一人として参加していた、京都大学工学系研究科教授の松井三郎さんが、新聞記事のスライドを見せて、『つぎはナノです』と言ったのには驚いた。要するに環境ホルモンは終った、今度はナノ粒子の有害性を問題にしようという意味である」の部分。

第二は、「学者が、他の人に伝える時、新聞の記事そのままではおかしい。新聞にこう書いてあるが、自分はこう思うとか、新聞の通りだと思うとか、そういう情報発信こそすべきではないか。情報の第一報は大きな影響を与える、専門家や学者は、その際、新聞やＴＶの記事ではなく、自分で読んで伝えてほしい。でなければ、専門家でない」の部分。

第一の部分では、松井氏は環境ホルモン問題は終った、とは言っていないのに、そのように誤解される記述になっている。そして、次はナノ粒子の有害性を問題にしようとしている、と言う。

要するに、腰軽研究者、研究費を求めて、研究テーマを早々に変更してしまうような、無節操な研究者というイメージを他人に与えられかねない。それが名誉毀損に当たる、と言っている。

第二の部分では、松井氏は新聞の記事そのものを見せて、「次はナノです」と言った。だから、ただ単に新聞に同調しているだけで、自分の考えや意見が発信されていない。それは原論文を読んでいないからだ。原論文を読まないで、自分の意思を発信しない人は専門家ではない。だから、松井氏は専門家とは言えない、と中西氏は言っている。これが名誉毀損だ、ということなのだろう。

第一の部分の私の解釈は、多少とも穿った見方かもしれない。というのは、この部分は普通に読めば、中西氏がただ愕いて、個人的意見を述べているだけ、とも取れるからだ。

しかし、第一の部分が第二の部分の布石と考えれば、全体としては専門家である松井氏を賤《いや》しめていることになる。だから、これを松井氏が自分の名誉が傷つけられた、と感じたとしてもおかしいことではないだろう。

この雑感は、また、中西氏が松井氏の「つぎはナノです」という言葉に、特に過敏に反応したようにも思える。それは、この雑感の最後にあるように、この時、すでに中西氏はナノテクノロジーとの関わりがあり、それを推進する立場にあることを窺わせる。

すると、環境ホルモンで一部の産業界が蒙ったダメージを、ナノテク業界も受けるかもしれない、という怖れとか不安が、それを防止するために、この雑感を書かせたのかもしれない。とにもかくにも、このようにして、松井氏は中西氏を名誉毀損で、提訴したのだ。

伏線

この国際シンポジウムの前、両者には多少の遣り取りがあった。

松井氏の陳述書によると、このシンポジウムの前、二〇〇四年の十一月中旬――恐らく、環境省から――発表のアブストラクトを提出するように、という要請があった。

その後、二〇〇四年十一月二十七日、中西氏から松井氏に、松井氏が提出したアブストラクトの件でメールがある。

松井氏が提出した書類によると、それは次のようなものだった。

まず、十二月十七日のセッションへの出席を承諾したことへの謝辞の後、松井氏のレジュメに対するコメントが次のように続く。

ところで、先生から頂きましたシンポジウムのｒｅｓｕｍｅを読ませて頂き、やや当惑しております。私が期待する内容とかなり外れているからです。

今回は、リスクコミュニケーションについて、以下のどれかまたは全てについて、ご意見を述べて頂くのがいいのではないかと思っています。

(一)　内分泌かく乱物質についてのリスクコミュニケーションのこれまでについて良かった点、悪かった点、

(二)　リスクコミュニケーションを阻害する要因は何か、

(三)　内分泌攪乱物質だからこその問題点は何か?

(四)　学者として何が大事か、何をすべきか、

(五)　学者以外のｓｔａｋｅｈｏｌｄｅｒの役割は?

(六)　リスクコミュニケーションの目的は?

先生の書かれたｒｅｓｕｍｅの、最初の二つのまとまり、ＤＮＡマイクロアレイについて述べられている段落と、ダイオキシンや五大湖の汚染のことなどは、今回は省いて頂くのがいいように思います。時間は短い（まだ、確定ではありませんが、一回目の発表は、十五分になると思います）ですし、他のセッションもありますので、内分泌攪乱物質の性質や環境動態の解説は省いて頂く方がいいと思います。

あくまでも、リスクコミュニケーションがどうあるべきか、その中で学者の果たすべき役割について述べて頂きたいと思います。内分泌かく乱物質についての議論に集中してください。第三段落で述べておられる、企業の果たすべき役割について述べて頂くことは歓迎です。

くどいですが、知識ではなく、お考えを述べてください。

よろしくおねがいします。

私は曖昧な言い方はきらいで、気分を悪くさせるかもしれませんが、思い切って申しあげることにしました。今のままですと、むしろ先生にとってもマイナスになるような気がします。

ただ、以上は、私の希望にすぎません。

お話されるのは先生ご自身ですし、最終的な先生のご判断は百％尊重致す所存です。

どうか、よろしくお願いします。


これに対して、松井氏は翌日、次のメールを返信した。

中西準子先生
ご連絡ありがとうございます。セッション六「リスクコミュニケーション」の当日進行方法の情報が入りましたので、やり方がわかりました。

情報がない段階で、アブストラクトを作成しました。

ご希望の点に添う形で準備します。

討論者には、内分泌攪乱物質の問題の専門家が少ないのが気になります。

松井

すると、すぐに、三十分もしないで、中西氏から感謝のメールが届いている。

このように、松井氏は一応、中西氏の意向に添って、発表の準備をする、と伝えている。しかし、内心では不愉快だった。

このことについて、松井氏は陳述書の中で、次のように言っている。


私は、常々、セッションのコーディネーター（座長）は、中立性・公平性に特に配慮すべきものであると考え、行動しておりましたので、このように自分の考えを押しつけてくる中西氏のやり方に違和感を覚えました。特に「今のままですと、むしろ先生にとってもマイナスになるような気がします」という文章は、善意から出たものかもしれませんが、いかにも自分の言うとおりに修正しろと強制されているように感じられ、率直にいって不愉快に思いました。


そして、当日のパネリストの中で、内分泌攪乱物質研究の専門家が松井氏一人だけなのを心配して、最後の文章が書き添えられているのである。

そういうことで、松井氏提出の陳述書によると、松井氏は中西氏の意向を考慮する、というメールを送りはしたが、それでも心の中では、内分泌攪乱物質の研究がどこまで進んだか、ということを紹介した上で、リスクコミュニケーションについて、自分の意見を述べようと考えていたようだ。

以上のようなことから考えると、両者の環境ホルモンに対する見解は完全に対立している。つまり、中西氏は環境ホルモン問題は空騒ぎにしか過ぎず、取るに足りない問題と思っている。片や松井氏は、プレスリリースの提訴に至った理由からも分かるように、環境ホルモン問題は人の健康や生態系にとって、看過できない重大問題であって、ますます研究を進め、有効な対策を講じるべきテーマと考えている。

このように、まったく対立した考えを持つ両者が、十二月十七日のセッションでガチンコ対決したのである。

当日の松井氏のスピーチは、五大湖の汚染には触れなかったものの、DNAマイクロアレイ（遺伝子の発現情報を網羅的に解析する技術）から始まり、ダイオキシンの話が続く。松井氏は環境ホルモンを、研究すればするほど、分からないことが出てくる、とても奥の深い化学物質と考えていたからだ。

陳述書によれば、次のように表現している。

科学者は、生命の秘密に触れて、自分達がいかに無知であるかを知っていること、科学者の役割は「無知」を「理知」に変える努力をすることであること、内分泌撹乱物質の研究でわかったことの重大な点は、化学物質の影響を様々なエンドポイント（影響結果指標）で見ることができるということで、「発癌性」や「死」だけがエンドポイントではなく、「全き姿で生まれてくる新しい生命」を保障することも科学者の責任である。

環境ホルモン問題は早くも「精算」や「総括」できる問題か

そういうことで、環境ホルモンの研究を通じて、生命の神秘というラビリンス（迷宮）に迷い込んで、思い悩む者と、環境ホルモン問題を空騒ぎと言って退ける者、つまりは、水と油の対決と言ってもいいだろう。

セッション六『リスクコミュニケーション』の座長としての中西氏の次の言葉――中西氏提出の発表テープから、反訳したもの――には、彼女の環境ホルモン問題に対する考えが実によく現れている。

「内分泌撹乱化学物質の問題がある程度清算というか、リスクとしてどれくらいの大きさだったのかとか総括する時期に入ってきたのではないかと」

「この内分泌撹乱化学物質というのは、日本中を沸かせ、なおかつすごい大きな投資、国だけでなく事業者からの投資も大きかったと思います。そういう意味で、リスクコミュニケーションが良かったかどうかということは非常に大きな問題であり、国民的なレベルで総括が行われなければいけないと考えています。

私個人としては、かなり大きな失敗があったケースと考えなければいけないと思っています」

しかし、これらの言葉の前に、「私自身は、環境ホルモンやダイオキシンなど内分泌撹乱化学物質に関して、それほど詳しい人間ではありません」というのがある。

であれば、元来、こういうリスクコミュニケーションなどできる人物ではない、ということになる。

最初に、自分はこういう人間だと、前置きしておきながら、『リスクコミュニケーション』の座長を務め、「清算」とか「総括」とか「失敗」とか、過去の事物に対して用いる言葉を平気で使っていいのだろうか。

対する松井氏は、——やはり、当日の発表テープの反訳によれば——その冒頭、「これからお見せするスライドは、コミュニケーションの話より、コミュニケーションすべき内容でどういう問題があるのかということをまず話して、このあとの第二ラウンド、あるいは中西先生の司会される討論で、コミュニケーションの話について説明します」と言っている。

そういうことで、松井氏のプレゼンテーションが終った時、もう一人の座長の内山巌雄氏が、「ありがとうございます。後半での第二ラウンドにコミュニケーションのことをお話いただけるということでしたので、お願いします」

と言っているのだ。

これまで、色々な要因のリスクを計算する時のエンドポイントは多くの場合、死であった。ある原因で、どのくらいの人が死亡するか、ということでリスクを計算した。

ところが、環境ホルモンのような化学物質の場合には、リスクを計算する時のエンドポイントは単なる死ではなく、色々なエンドポイントがある。

つまり、リスク計算の仕方がこれまでのものと、まったく違ってくる。しかし、そのことは今でもほとんど、できていない。

松井氏は第二ラウンドで、これを科学者がやらねばならない大変重要な宿題、と言っている。

私も、従来のリスク評価の際のエンドポイントはとてもラフであった、と思う。

本当は分子レベル、遺伝子レベルでのエンドポイントを用いて、リスク評価をせねばならない、と考える。逆に言うと、ダイオキシンや環境ホルモンの研究結果が、我々にそのことの重要性を突きつけてきた、とも言える。松井氏がプレゼンテーションの中で言いたかったのも、このことだと思う。

そのために、ビスフェノールA（プラスチックを製造する際の原料として利用され、エストロゲ様活性がある）やダイオキシンの作用を、マイクロアレイという遺伝子レベルでの研究結果を使って、話したのだ。

しかし、中西氏には、そのことが分かっていない。いや、理解しようとしていない、のかもしれない。やはり、水と油だ。

そして、すでに記載した問題の場面にやってくる。

「もう一つ、最後になりますけど、我々は予防的にどうやって次の問題に繋げるのか、今回学んだ環境ホルモンの研究はどうやって生かせるのか。私は次のチャレンジはナノ粒子だと思っています。ご存知のようにナノテクノロジーがこれからどんどん進展します。私はその事自身は非常に重要と思います。人類が地球上で生存するために大変重要な技術と思います。しかし、ここに書いてあるように、ナノ粒子の使い方を間違えると、新しい環境汚染になる。我々はこのナノ粒子の問題に、どのように対応できるかが一つのチャレンジだと思っています。時間が来たので、ここまでにします」

松井氏は、「ナノ粒子　脳に蓄積」というヘッドラインの新聞記事のスライドを、スクリーンに映し出しながら、こう言って、発表を終ったのである。

この後、日垣隆氏のプレゼンテーションがあり、セッション六の第一ラウンドが終る。

第二ラウンドで、松井氏は内分泌攪乱化学物質の生体影響の多様性、動物種による影響の相違、分子・遺伝子レベルでの作用解明の必要性を指摘した後、ｆａｌｓｅ‐ｎｅｇａｔｉｖｅとｆａｌｓｅ‐ｐｏｓｉｔｉｖｅの問題について発言する。

この中で、科学者にはエラータイプ1、つまりｆａｌｓｅ‐ｐｏｓｉｔｉｖｅ（注：誤って、影響があると判断すること）が多い。環境ホルモン問題についても、このｆａｌｓｅ‐ｐｏｓｉｔｉｖｅを大げさに言いすぎることが批判されている、と言う。いわゆる、予防原則の考え方だ。

これに対して、わが国の行政はどちらかというと、エラータイプ2、false-negative（注：誤って、影響がないと判断すること）が多かった。そういうトラウマがあって、国民が行政を信用しなくなった。

こういうリスクコミュニケーションを改善しないと、情況が前進しない、と主張する。

この後、日垣氏と木下氏が発言し、このセッションの第二ラウンドが終る。

次が、中西氏が司会する討論だ。

この討論に先立って、中西氏は松井氏の発言に対し、次のようにコメントしている。

「リスク評価とかの中で、false-negativeをどう避けるかというのは、随分議論され、科学的にもなってきています。どこまでは、false-negativeを考えるか、と言う事なんですが。

しかし、false-negativeも極端にいくと、環境ホルモンみたいに、なんでも無い事も、あるかも知れないという事で、大きな問題になると、すごくコストがかかる。あるいは、別のリスクを大きくします。false-negativeを避けるため、というだけでは、今度の環境ホルモンのリスクコミュニケーションはできない。どこまで避けなければならないかを議論しなければならない、と言えるかと思います」

松井氏は、環境ホルモン研究を通じて、「分からないことがいかに多いか、ということが分かった」と言い、一方、中西氏は「どこまで避けなければならないかを議論しなければならない」と言う。

両者の考えは完全に噛み合っていない。

どこまで影響があるのか、分からなければ、どこまで避ければいいのか、議論のしようがなかろうに。

このような情況では、松井氏だけでなく、私でも、市民に対して、定量的なリスクコミュニケーションはできない、と考える。

中西氏にしても、安井氏にしても、渡辺氏にしても、これまでのわが国の行政と同様、ｆａｌｓｅ・ｎｅｇａｔｉｖｅ的立場を取ろうとしているように思う。

いや、むしろ、こういう専門家たちが行政の人々を先導していた、とも考えられる。

このことは、第三章での遠山氏と安井氏の論争の中にも見て取れる。

そのために、わが国のスタンダードがグローバル・スタンダードから逸脱し、世界の国から、「公害先進国でありながら、環境後進国と揶揄嘲弄される」のであろう。

この後、何人かの人が発言するが、松井氏は発言していない。

ということで、以上で、『リスクコミュニケーション』のセッションが終了する。

そして、十二月二十四日、中西氏が自身のウェブサイトに雑感二八六『環境省のシンポジウムを終って――リスクコミュニケーションにおける研究者の役割と責任――』を載せる。

中西氏の謝罪と不誠実な対応

松井氏は中西氏のホームページの、この雑感のことを翌年、つまり、二〇〇五年一月十七日、知人の研究者から知らされる。

すぐに、この記事を読んだ松井氏は、

「事実と異なる記述や、自分に対する名誉毀損が為されている」

と思い、愕くと同時に憤慨する。

そして、同じ日の夜、抗議のメールを中西氏に送る。また、同じメールを環境ホルモンの研究を行っている友人たちにもＣＣで送付する。

抗議を受けて、翌十八日、中西氏は松井氏に、次のメールを返信する。

「件のページを削除しました。後日、おちついてから、もう一度お返事します。ご迷惑をおかけしました」

二〇〇五年一月二十日、すでに紹介した雑感二八九『謝罪』の中で、雑感二八六『環境省のシンポジウムを終って――リスクコミュニケーションにおける研究者の役割と責任――』の本文を削除したことを知らせ、そのことに対して、読者に謝罪している。

これに続いて、

「一、お二人の方から、抗議がありました。
二、さらにお一人の方から、スチレン低量体に対する記述が間違いであるというご指摘を頂きました。
一、に関しては確かに、私に非があると思いました。二、については……」
とある。

二についてはすでに述べたので、繰り返さない。

この一のお二人のうちの一人が松井氏だ。したがって、この時点では、中西氏は自分に非があることを認めている、ように思える。

ところが、証人調書によると、松井氏の弁護士と中西氏との遣り取りは、次のようになっている。

弁護士：一、二と書かれたその下の行（注：原文は横書きなので、こういうことになる）をご覧ください。一に関しては、確かに私に非があると思いましたと書かれてらっしゃいますね。非があると思われたんじゃないんですか。

中西：これは、この非というのは何かといいますと、もう一方から、議事録を使って議論してほしい、という要望がありまして、それは、もしかしたら、そういうご希望があるか。ただ、それは、そういう事をしだすと、実は議論ができない、というのがあるんですが、そういう要望があれば、それはそういうふうに受けたい、というふうに思いました。それから、松井先生の事についても、私は松井先生のメールを見まして、もしかして自分が間違いかな、というふうに思いましたから、後で新聞記事を見て、全く間違いがなかったんですけれども、もし自分が間違いがあるとすると、非があるなというふうに思いました。
弁護士：そのような場合には、確認してからというふうにお書きになるんじゃないですか。私に非があると思いました、というふうにお書きになる必要があるんでしょうか。
中西：それは、私の性質だと思います。悪い事をしてしまったかな、というふうに思ったんです。

と、まあ、こんな風で、何を言っているのか、私には理解できない。しかし、普通なら、弁護士が言っているように書く、と思う。

二〇〇五年一月十七日、中西氏は松井氏からの抗議を受け、翌十八日に雑感二八六の本文を削除する。しかし、その後は松井氏に対し、何の連絡もしなかった。

ただ、中西氏の二〇〇五年一月二十日付ホームページ上の雑感二八九『謝罪』の中で、「年度内に結論を出します」と書いてはいるが、松井氏個人に対するものではない。

このホームページを見ない松井氏が、このことを知る由もない。

そういう心積りであれば、できるだけ早い時期に、そのことを松井氏にメールなりして、了解してもらうべきである。それが、あのような抗議を受けた者の最低限の誠意であろう。

ところが、何の連絡もないまま、月日が流れる。松井氏としては内心、怒りを募らせて行ったにちがいない。そして、名誉毀損で提訴する準備を始める。

そんな頃の三月十三日、抗議をしてから二か月が経とうとする時、中西氏からメールが入る。

そこには、次のようなことが書かれていた。

「お約束は年度内ということで、今日になってようよう調べ始めたところです」の後に、「松井さんが会場で示された京都新聞の記事を見たいと思ったのですが、私の使っているデータベースでは、京都新聞の二〇〇四年八月二十八日だけでなく、一年間の京都新聞にもでてないのです。

中略

と言う訳で、大変申し訳ないのですが、また、不愉快でしょうが、京都新聞記事のｃｏｐｙをＦＡＸで送っていただけないでしょうか？　私の家のＦＡＸは×××‐×××‐××××です。

よろしくお願いします。

あと一週間程度でお返事申し上げることができると思っています」

と続いている。

このメールに対し、松井氏は極めて厚かましい申し入れ、と陳述書で言っている。

というのは、新聞記事については、一月十七日付の中西氏へのメールで、京都新聞の二〇〇四年八月二十八日の夕刊トップ記事であることをすでに知らせていたからだ。それで、この中西氏からのメールでも、その日付になっている。

今頃になって、と思うと同時に、中西氏には真摯な反省の気持ちなどないことが分かった、と松井氏は陳述書のなかで、述べている。

三月十五日午前十一時四分の松井氏の返信メールは、

「大変不愉快な思いをしております。名誉毀損で提訴する準備をしています」

となっている。

これに対し、中西氏は同日午後二時十九分、

「名誉毀損ですか?　できればやめて頂きたいです」

というメールを松井氏に送る。

しかし、松井氏は三月十六日、横浜地方裁判所に訴状を提出するのである。


私が初めて松井氏と会ったのは、一九九八年八月、ストックホルム大学で開催されていたダイオキシン国際会議の時だった。

発表を聴いている私の隣の席に座り、名刺を差し出した人がいた。その人が松井氏だった。当時は確か、京都大学大学院工学研究科附属環境質制御研究センターという、琵琶湖のほとりにある研究センターの教授をしていた。

その時はただ、二言三言言葉を交しただけだった。

ところが、その後、松井氏が文部科学省科学研究費補助金特定領域研究「内分泌攪乱物質の環

境リスク」の領域代表になった時、人体影響の分野で、二〇〇一年度から二〇〇三年度まで、三年間いっしょに仕事をした。

そういう関係で、私は松井氏のことは比較的よく知っていた。

また、松井氏の弁護を担当した中下裕子氏とも面識があった。というのは、『ダイオキシン・環境ホルモン国民会議』という組織を立ち上げる時、中下氏たち数名の弁護士が私の研究室を訪れ、その発起人の一人になって欲しい、と頼まれたからだ。

このような個人的な繋がりもあって、私は松井氏の裁判に注目した。

しかし、注目する理由はそれだけではない。もっとずっと重要なことは、松井氏の証人調書にもあるように、当時、ダイオキシンや環境ホルモンは大した問題ではないという、いわゆる巻き返しの意見が強くなっていた、ということだ。

一方で、それまで、この分野の研究をしてきた科学者には、松井氏が問題となった国際シンポジウムで発表したように、研究すればする程、謎は深まるばかりなのだ。

もっとしっかりとした大規模な疫学研究をしなければならない。私にはそういう念いが、日一日と増大して行く。それは実際に、研究をした者でなければ理解できない念いだろう。

ところが、他方ではマッチポンプとか研究費欲しさ、ということで、ことさらに無視しようとする風潮があった。

つまり、両方の勢力の激しいせめぎ合いの時期だったのだ。

二〇〇五年三月十三日付の中西氏から松井氏へのメールに、「あと一週間程度でお返事申し上げることができると思っています」とある。

私個人としては、あと一週間ほど待って、中西氏の回答を見てみたい、と思う。

しかし、松井氏には、もう時間切れだった、ということだ。

言論の封じ込め？

二〇〇五年五月十九日、環境ホルモン空騒ぎ派の一人で、中西氏の元同僚の横浜国立大学大学院環境情報研究院教授益永茂樹氏が自身のホームページに一つの記事を載せる。タイトルは「松井三郎氏の中西準子氏に対する名誉毀損訴訟を検証する（その四）本訴訟とダイオキシン・環境ホルモン国民会議」となっている。以下はその全文である。

前回までの検証で見てきたことを総括して考えると、本訴訟は中西氏が同氏のホームページで松井氏について書いたことに関して名誉回復を目的としているように装っているが、実際には中西氏による正式の回答がなされないうちに訴訟に持ち込むことで、中西氏の主張を封じることが目的のように見えてくる。

それでは、中西氏の主張を封じなければならない理由は何であろうか。

松井氏の弁護人として名を連ねる四名の弁護士を見ると、中下裕子氏が「ダイオキシン・環境ホルモン国民会議」の事務局長、神山美智子氏が同会議の副代表、長沢美智子氏と中村晶子氏は同会議の結成呼びかけ人として名を連ねている。同会議は一九九八年に「政策提言を行うことにより、広く世論を喚起して、政府に有効な対策を実現させることを目指して」設立され、ダイオキシンや内分泌かく乱化学物質問題に警鐘を鳴らすことで、近年の日本の環境政策に一定の影響を与えてきたと思われる。松井三郎氏も同会議のニュースレター第三十三号（二〇〇五年二月発行）に登場し、「環境ホルモンの新しい研究成果」と題する寄稿をしている。内容は本検証㈢で触れた松井氏のシンポジウムでの発表とほとんど重なる。

同会議の現状認識については、事務局長の中下氏が「国民会議第六年度の活動報告と次年度の活動方針〜今こそ、日本中の良心を国民会議に結集し、バックラッシュをはね返そう！」と言う文書（ニュースレター第三十二号、二〇〇四年十二月発行）の中で、「第六年度（二〇〇四年度）は、ダイオキシン・環境ホルモン問題に対するバックラッシュの動きが一段と顕在化した年でした。『ダイオキシン・環境ホルモン問題は終った。空騒ぎだったのだ』という声をよく耳にするようになりました。しかし、アトピーやぜん息、花粉症などのアレルギーは増加し続け、今や国民の三十五・九％もが症状を訴えています。また、学習障害（ＬＤ）、注意欠陥多動障害（ＡＤＨＤ）、高機能自閉症などと考えられる児童が六・三％もいることが文科省の調査で判明しています。こうした現象の直接的・間接的原因のひとつとして化学汚染の影響が疑われているのです。決して問題が終わった訳ではなく、むしろますます深刻化しているといっても過言ではありません。」と述べ、バックラッシュにひるむことなく会員数の増加を、と訴えている。なお、二〇〇四年度の会員数は足踏み状態との総括も記載されている。

すなわち、ダイオキシンや環境ホルモン問題が重大な環境問題であるとの認識で活動してきた同会議が、その認識に対する懐疑の目が社会的に広まっていることへの危機感を表明しているわけである。この同会議の見解に基づけば、中西氏は「空騒ぎ」であった可能性を指摘した一人となり（「環境ホルモン空騒」新潮45）、結果として同会議にとって邪魔な存在ということになるのであろう。

他方、同会議に近い科学者の多くは関係する研究に従事しており、同会議がダイオキシンや環境ホルモンが重要で緊急な課題であるという趣旨で政策提言してくれることは、研究費を確保する上で都合良い関係にあると言える。もちろん、ここでは構造的にそうなっていることを指摘するのであり、個々の研究者が意図していると主張するわけではない。

さらに、中西氏がこれまで主張してきたことの中に、もう一つ重要な点があるように思われる。同氏は、科学者による発表やマスコミによる報道は、予防のために何でも大げさに警告すれば良いというわけではなく、根拠の信頼度の説明や、他の事象によるリスクと比べた説明が必要であることを指摘している。すなわち、これらの説明なしの警告によって結果的に不当な損害が生じた場合には、それなりの責任が生じるということだろう。これまで少しでも危険性が予測されれば、根拠が不明確でも大々的な広報が許されると考えてきた人には、脅威に思えたとしても不思議ではない。

このように、本訴訟については、ダイオキシン・環境ホルモン国民会議の都合や科学者との微妙な関係が仄見える。

私はこの文章を読んで、心ならずも吹き出してしまった。

もちろん、「ダイオキシン・環境ホルモン国民会議」は益永氏に対し、内容証明付きで、次の抗議文書を送る。

申入書

冠省

二〇〇五年五月十九日付貴殿のホームページ「松井三郎氏の中西準子氏に対する名誉毀損訴訟を検証する（その四）本訴訟とダイオキシン・環境ホルモン国民会議」の記事（以下本件記事といいます）を拝見しましたところ、以下のとおり誤解を招きかねない表現がありますので、本書面をもって、然るべく対処されるよう申し入れます。

本件記事において、貴殿は、あたかも松井三郎氏の中西準子氏に対する名誉毀損訴訟（以下本件訴訟といいます）が、私ども「ダイオキシン・環境ホルモン国民会議」（以下国民会議といいます）の都合で提起されたかのように決めつけておられますが、これは事実無根で、貴殿の一方的な思いこみにすぎません。

確かに、本件訴訟の原告代理人弁護士には、国民会議の役員を務める弁護士が選任されておりますが、彼女らは全員、個人的に事件の受任をしたにすぎず、国民会議の役員の立場で選任されたものではありません。また、国民会議は、本件訴訟に対して何の関係もなく、特に支援や協力を行ってもおりません。

貴殿もご承知の通り、国民会議の役員には、百五十八名の呼びかけ人弁護士のほかにも多数の弁護士がおります。その一部がある事件の代理人となったからといって、その事件が国民会議と関係があると結論づけるのは、余りに短絡的で、一方的な決めつけと言わざるを得ません。貴殿がどのように想像力を働かせようと貴殿の自由ですが、それをホームページ上で、さも事実であるかのように発信されると、多くの人々に誤解を与えかねません。現に、貴殿のホームページをご覧になったと思われる方から国民会議事務局宛に本件提訴に対する抗議のメールがありました。なぜ、この記事を掲載される前に、私どもに対して事実の確認をしていただけなかったのでしょうか。

科学者であり、横浜国立大学教授という地位にある貴殿が、十分に事実を確認せず、ご自分の思いこみだけで、このような記事を不特定多数がアクセスするホームページ上に掲載されたことは、極めて遺憾に思います。ご批判は自由ですが、科学者であるならば、勝手な憶測によって、徒に他者に迷惑を及ぼすことのないよう、十分にご注意いただきたいと思います。

以上のとおりですので、私どもとしては、貴殿に対し、すみやかに本件記事のホームページから削除するとともにその理由及び謝罪の意志をホームページ上に明記されますよう、本書面をもって申し入れます。貴殿が自らの行為を深く反省され、すみやかに誠意ある措置を講じられますよう願っています。

以上

二〇〇五年六月十日

ダイオキシン・環境ホルモン国民会議

代表　立川　涼

横浜国立大学大学院環境情報研究院

教授　益永茂樹　殿

この申入れに対し、益永氏は何の反応も示さず、今でも彼のホームページには、この記事がそのまま残されている。

この裁判が、中西氏の正式な回答がなされる前に、彼女の主張を封じるためのものではなく、松井氏の抗議以後、松井氏に対する中西氏の不誠実な態度に、松井氏が業を煮やした末のものであることは、すでに述べた。

また、我々は予防のために何でも大げさに警告しているのではなく、リスクの根拠なども、その時点でわかる限りの説明をしているのだから、誰もこの益永氏のホームページの最後の部分にあるような中西氏の主張に脅威を感じていない。したがって、中西氏の主張を封じる必要もないのである。

さらに、原告代理人弁護士にダイオキシンや環境ホルモン問題に詳しい「ダイオキシン・環境ホルモン国民会議」の弁護士が選任されたとしても、世の常識からすれば、当然の成行きである。それをあたかも、両者に癒着の構造があるかのように考えるほうが、不自然だろう。

二〇〇七年から、アメリカで十万人以上の人々について、胎児期から二十一歳までの長期に渉る追跡調査が開始される。化学物質を含めた環境要因への感受性は胎児期や乳幼児期が最も高く、その影響を二十一歳まで調査研究しようという国の方針である。

わが国でも、同様の研究が現在、環境省環境保健部環境リスク評価室健康分野担当者を中心として計画されている。

また、このような研究はドイツや韓国でも考えられている。

ダイオキシンなど化学物質の人への影響を胎児期から研究しようとする傾向は、今や、グローバル・スタンダードとなりつつあるのであり、それを空騒ぎなどと考えるとすれば、それこそ旧態依然とした環境後進国の誇りを免れないことになる。

それればかりか、中西氏の二〇〇五年七月五日付の雑感三〇九には次の記事がある。

タイトルは「松井三郎さんによる損害賠償請求事件」だ。


私の友人のところに、ダイオキシン・環境ホルモン国民会議の代表立川涼さんの名前で、私の裁判について書かれた彼のホームページの記事に抗議し、さらに、謝罪とホームページの記事の削除を求めた内容証明付き文書が送られてきたとのことである。

この連絡を受けた時、丁度ソ連支配下の東欧での言論抑圧と秘密警察活動に関するＴＶ報道を見ていた。ぞっとするような内容だった。

ロシア・東欧の共産主義者も、最初は国民の生活と様々な権利（言論の自由など）を守るために、社会主義・共産主義国家を樹立していったに違いない。血を流して、国を作った。その国を守るために、社会主義を守るために、思想を守るために、という強い思いからであろう、批判者、反対者の言論を封じこめ、弾圧していくようになる。

やがて、全く思想の自由も、言論の自由もない社会になっていく。そして、最初の理想とは正反対の体制を作ることになった。結局、これと同じような動きをしているのではないか。後日詳報。

言論を封じ込め、弾圧しているのではない。何という時代錯誤だろうか。

第一章で述べた新潮45の『「環境ホルモン」空騒ぎ』の中の私に関する記事にしても、また、問題の雑感二八六にしても、都合のいいように研究結果を解釈しているのは、中西氏のほうだ。もっと科学的に物事を考えてほしい。

雑感二八六の終りの部分にある「専門家や学者は、他の人、特に非専門家に伝える時には、新聞やTVの記事ではなく、必ず自分で原論文を読んで伝えて欲しい。でなければ、専門家ではない」という類の言葉は、そっくりそのまま中西氏や益永氏にお返しする。

中西氏の巧みな法廷戦術

二〇〇五年五月二十七日、横浜地方裁判所第五〇二号法廷で、第一回口頭弁論が開かれ、一連の裁判の火蓋が切られる。

第二回口頭弁論は七月十五日だった。

この口頭弁論の後、中西氏らは横浜市内の会議室で、今後の支援組織の活動について打ち合わせを行った、という。

そして、二〇〇五年九月十五日、「環境ホルモン濫訴事件・中西応援団」というウェブサイトを立ち上げる。これは第三回口頭弁論の一週間前である。

裁判の大方の模様は、このウェブサイトで知ることができる。また、中西氏個人のホームページ上の雑感にも、訴訟や裁判についての独自の空想や感想が、載せられている。

第三回口頭弁論では、中西氏側が反訴状を提出する。すなわち、松井氏の提訴が不当訴訟に当たるとして、損害賠償請求の反訴を提起したのである。

その趣旨は次のとおり。

一、反訴被告は、反訴原告に対し、金三百三十万円及びこれに対する平成十七年三月十六日から支払い済みまで年五分の割合による金員を支払え。

二、訴訟費用は反訴被告の負担とする。

との判決並びに仮執行宣言を求める。

ここから、この裁判は泥沼化して行く。

平均すると、二か月ほどの間隔で、口頭弁論が継続する。そして二〇〇七年二月二日、松井氏の提訴から二年近くが経った第十一回口頭弁論で、両者がそれぞれ五回目の準備書面を提出し、結審する。

この間、中西氏は、二〇〇六年一月十六日付ホームページの雑感三三〇に「損害賠償請求事件（松井三郎さんによる）：皆様の力を貸してください。ご意見書提出のお願い」という記事を掲載し、一般読者からの援助を要請する。その全文は次のとおりである。

私の裁判のために、皆様の力を貸してください――ご意見提出のお願い――

すでに、ご存知のことと思いますが、二〇〇五年三月十六日京都大学地球環境学大学院地球環境学堂教授の松井三郎さんから、私は名誉毀損で訴えられました（横浜地裁：平成十七年（ワ）第九一四号損害賠償請求事件）。

それは、私が自己のホームページの二〇〇四年十二月二十四日に掲載した文章、雑感二八六「環境省のシンポジウムを終って――リスクコミュニケーションにおける研究者の役割と責任――」（以下、雑感二八六と略す）によって、名誉が毀損されたというものです。

しかし、原告から出された訴状、準備書面、上申書などを見てもどこが名誉毀損に該当するかどうしても理解できません。しかし、理解できないとして済ますには余りにも事は重大です。私個人についても、深い痛みを伴うことですが、それ以上に、日本社会の問題として看過できない重大な意味をもっています。

私を支援するグループもできていますが、そのきっかけは中西個人に対する思いやりの他に、この事件で原告勝訴とか、喧嘩両成敗的な判決が出たら、今後言論や相互批判が制限されてしまうという危機感が強いと思います。

私自身も当初は個人に降ってきた災難のように受け止めていたのですが、徐々に、個人の問題にとどめてはいけないと考えるようになっています。そして、〇五年九月二十一日に反訴に踏み切りました。

すでに口頭弁論が四回開かれ、今年の秋には大詰めを迎えると予想しております。この間、多くの方から支援をしたいが、どういうことができるかの問い合わせを頂いております。いろいろ考えた末、以下のようなご支援をお願いすることにしました。

「この裁判の出発点になっている雑感二八六を読んで頂いた上で、この裁判との関連でどのように受け止められたか、その感想などを書いて頂きたいのです。また、もしシンポジウムに参加された方がおられましたら、その感想なども書いてください。それを裁判所に証拠として提出致します。」

この意味は、こうです。

民事の名誉毀損事件では、争点になっている文章を読んで一般の人がどのように受け止めるかが、重要な参考資料になるとのことです。

そこで、皆さんのご意見を頂きたいのです。署名運動ではありません。それぞれの個人の経験や仕事、生活実感に根ざしたご意見を出して頂きたいのです。是非とも、多くの方にご意見を出して頂きたくお願いする次第です。

また、近くにおられる方にも是非応援を頼んでください。そして、日本中から大きなうねりが押し寄せ、それが横浜地裁を包むようになれば、それが日本の歴史を前進させることにもなると思います。

よろしくご支援のほどお願いします。

記

ご意見の書き方：

一、裁判官に読んで頂くために、長さは、一人A四で一枚以内にしてください。

二、個人名、住所、年月日が必要です。裁判所に出された証拠は、すべて裁判所に出向けば誰でも閲覧できますので、そのことをご承知おきください。この際、匿名ではなく本名（広く知られているペンネームも可）でお願いします。封書で送って頂く場合のお名前は、自書でもワープロでも構いません。

この後には三、ご意見送付先として、手紙とe-mailのアドレスが記されている。また、雑感二八六、松井さんの発表（テープの反訳）、問題となった新聞記事、反訴状の添付資料がある。さらに、詳しい情報が欲しい人のための情報アクセスガイドとして、環境ホルモン濫訴事件：中西応援団他二か所のウェブサイトアドレスが示されている。

皆さんは、この文章を読んで、どのように感じられるだろうか。私がまず感じるのは、大袈裟すぎるということである。そもそものことの発端は、中西氏が書いた雑感二八六である。私はこの雑感を読んで、松井氏は少なからず中傷されている、と思った。

時間的な制約などで、発表の仕方が多少まずかったかもしれない。しかし、それは松井氏の発言の主旨が理解できれば、分かることだ。

ところが、言うまでもなく、理解しようとする姿勢がなければ、何を言っても無駄だ。

結局は、それだけのことなのに、言論の自由や相互批判が制限されそうだ、と心配する。

そういう風に世論を煽り、恐怖感を与えることにより、自身の正当性を主張し、賛同者を得ようとしている、としか考えられない。

確かに、この雑感から受ける、一般の人の印象は裁判の行方にも少なからぬ影響を与えるかもしれない。だから戦略的には、うまい方法と言えよう。

この『ご意見提出のお願い』により、中西氏は最終的に、百四十三通の意見書を横浜地裁に提出する。

中西氏自身のホームページや『環境ホルモン濫訴事件：中西応援団』などの活動が、裁判にどのような影響を及ぼすのか、私には分からない。

最低限の社会規範を守れ

この裁判の一審判決が、二〇〇七年三月三十日に言い渡された。

判決

主文

一　本訴原告（反訴被告）の請求をいずれも棄却する。
二　本訴被告（反訴原告）の反訴請求を棄却する。
三　訴訟費用は、本訴反訴ともに、これを二分し、その一を本訴被告（反訴原告）の負担とし、その余を本訴原告（反訴被告）の負担とする。

まず、雑感二八六が松井氏の名誉を毀損するかについて。

裁判官は縷々説明した上で、この雑感の問題の箇所によって、「原告の研究者としての社会的評価は低下しないか、仮に低下したとしても、その程度は軽微なものであり、名誉毀損を構成するには至っておらず、被告について、名誉毀損による不法行為は成立しないものというべきである。

したがって、原告の請求は、その余の点について判断するまでもなく理由がない」と、原告のすべての請求を一蹴した。

また、本訴提起が不当訴訟だとする、中西氏の反訴請求についても、本訴提起の目的が専ら、中西氏を攻撃することにあった訳ではないことを説明した後、

「原告による本件本訴の提起について不法行為は成立しないものというべきである。したがって、被告の反訴請求は、その余の点を判断するまでもなく理由がない」として、これも棄却したのである。

結果として、先に述べた判決が両者に言い渡された。

私は、この判決に大いに不満だった。というのは、勝訴して当然と考えていたからだ。それで、四月五日、松井氏に次のメールを送付した。

松井先生
九大の長山です。裁判ご苦労様でした。

三月三十日の地裁判決見ました。その印象ですが、完敗という感じです。

ホームページでのあのような発言を許してよいのでしょうか?

中下弁護士からの情報では、先生は控訴されないようですが、私としましては、とても残念です。

これが判例として残れば、かなりの事を言っても、問題にならないことになります。

何とか、考え直していただけませんでしょうか?

よろしくご検討下さい。

四月六日、松井氏から返信があった。

長山先生

ご支援ありがとうございます。勝訴できなかった事は、残念です。以下のメイルを先生の御友人にお送りいただければ幸いです。

裁判の問題点、中西準子氏の問題点についての私のコメントです。添付ファイルに詳しく述べております。

どうぞよろしくお願いします。

松井三郎

私は、このメールの「コメント」の後にある「なお、控訴は考えていません」という言葉を見て、改めて、この種の裁判の難しさを感じた。

「コメント」の全文を次に記載する。

判決は、原告の主張を基本的に認め、被告ホームページ上の本件記事が「原告について否定的な印象を与えるものであることは否めない」ことを認めたが、何らの根拠も示さずにこれによる原告の社会的評価に対する影響は極めて限られたものであり、原告の社会的評価は低下しないか、仮に低下したとしてもその程度は軽微なものであり、名誉毀損に至っていないとしたもので遺憾である。

そのうえ、インターネットという新しい媒体の特質（何らのチェック機能もなく、一方的な言論を発信できること、読者層が限られる専門家の解説するホームページであることなど）を全く理解していないと言わざるを得ない。

「コメント」の最後の部分にあるように、この裁判の大きな問題点の一つは、インターネットという新しい媒体での情報発信、言論の問題であるのに、判決文では、このことにはまったく触れていない。

また、中西氏のホームページが、専門家が解説するものであるから、読者も自ずから、一般の人よりも比較的専門性のある人がアクセスすると思う。そうすると、その記事から受ける印象も一般の読者が感じるものとは、かなり違ってくるだろう。

しかし、この判決では、一般の読者が受ける印象を基準にして、判定が為されている。

裁判の判定が、一般的慣習に照らした考えや感覚を基準にする以上、致し方ないのかもしれないが、ケース・バイ・ケースでの対応も必要と考える。

松井氏のメールの添付ファイルには、すでに記した判決結果と松井氏の「コメント」があり、最後に、松井氏の意見があった。

松井氏の意見はA四サイズの用紙五枚ほどに、七項目に別けて、書かれていた。

その項目と内容の要約は、次のようである。
一、中西氏は、松井が代表を務めた「内分泌攪乱化学物質の環境リスク」の研究班評価主査であった。
松井は、当初、中西氏が環境ホルモンによる環境汚染と、その問題の広がりについて、評価できる科学者と思っていた。しかし、今回の裁判における中西氏の証言から、そうでなかったことが分かった。
二、中西氏の環境リスク論の特徴と限界
中西氏の「環境リスク評価」は有害化学物質の影響を平均余命の短縮で評価する、つまり、死亡に関係しないと評価できない、という特徴がある。しかし、環境ホルモンの毒性は生体機能への影響が主で、死亡とは直接関係しないことが多い。だから、そこに中西リスク評価の限界がある。そして、胎児汚染は、現在の医学が直面する子供の障害の原因が、すでに胎児期に起こっていることを警告している。
三、野生生物で起こっている環境ホルモンの明白な影響
野生動物の様々な奇形――生殖器異常、背骨曲がり、嘴奇形など――は環境ホルモンによ

り形成されている可能性が高く、様々な環境汚染物質の影響であることが明らかになっている。

四、化学物質過敏症の人など、明らかに化学物質の有害な影響を受けている集団を科学者はどのように理解し、解明し救助するのか？

胎児、子供、化学物質過敏症者、老人など有害化学物質への抵抗力が弱く、低濃度で影響を受ける高リスク集団への対応をどうするのか、という問題がある。

五、パネル討論準備段階からの中西氏の意図

問題となった環境省主催「第七回内分泌撹乱化学物質問題に関する国際シンポジウム」の第六セッション「リスクコミュニケーション」では、中西氏は最初から、環境ホルモン問題は重要な研究課題ではなく、研究費目当てに騒ぐのはおかしい、つまり、環境ホルモン問題が重要でないことをリスクコミュニケーションするためのパネル討論にしたい、という意図があった。このことは、松井の発表アブストラクトの変更要請や、中西氏の裁判での証言で明らかである。

六、松井が提起した環境ホルモン、発ガン、ナノ粒子が如何に関連するか、中西氏は理解していなかった。

松井は、ベンツピレンという代表的発ガン物質のダイオキシン受容体を介する代謝的活性化と遺伝子損傷、そして発ガンへのメカニズムを説明し、ナノ粒子の毒性発現メカニズムと

の共通性を述べた。というのは、ナノ粒子の最も基本的な毒性発現メカニズムが、酸化的遺伝子損傷であるからだ。ところが、中西氏は、このことが分かっていない。

七、中西氏の今後の環境ホルモン問題、ナノ粒子問題への対応を注視する必要がある

現在、中西氏はナノ粒子のリスク評価を行う経済産業省の中心的人物だ。しかし、中西氏に、この重責が務まるのか、甚だ疑問である。その理由は、前述のように、中西氏がナノ粒子の毒性発現メカニズムを理解していないからだ。

ここで、松井氏は今後、大きな社会問題となる可能性のあるナノ粒子について、重要な情報を提供している。

このナノ粒子に関する記述の全文を以下に記す。

今までは、人類は意図的にナノ粒子を製造してきていませんでした。しかし、炭鉱、金属採掘、石切り場、ガラス工、陶磁器工などの労働現場で例えば珪肺病は、コロイド粒子とナノ粒子が肺臓に沈着関与する職業病です。タバコの煙にもコロイド粒子とそれより小さなナノ粒子が含まれています。アスベストの発ガン機構は、ナノ粒子による発ガン機構と共通性が疑われます。アスベストは、針状で先が細胞内に突き刺さっていますが、先端は電子を集める能力がありコンデンサーのように電子を蓄電し、蓄電限界になると周囲の受電分子（水分子の解離し

たＯＨイオン）に一気に電子を放電してＯＨラジカル（水のオゾン処理や塩素処理で発生する最も強力な活性酸素）を生成し、それが、周辺の遺伝子（例えばグアニン）を攻撃してＯＨ付加体遺伝子（例えば８‐ＯＨ‐ｄＧ）等を生成します。この付加体がうまく除去され正常なグアニン遺伝子（ｄＧ）に置き換えられれば（修復成功）、突然変異、発ガンにいたりません。また周辺に細胞膜や細胞内小器官の膜があれば、膜構成の脂質分子を攻撃し、脂質分子が壊れて活性化し遺伝子に結合しエセノ体の遺伝子付加体を形成することが分かっています。

今後、無機、有機の様々なナノ粒子が開発されると予測されますが、使用後環境中に広く拡散することは危険な状態を引き起こすことが懸念されます。現在の水道浄水方法は、砂ろ過を採用して大きな粒子を分離しています。コロイド粒子は凝集剤を使って大きな粒子に形成して砂ろ過で分離します。しかし、ナノ粒子は通過して分離できません。安全な水道水を供給する立場からも、ナノ粒子の今後には、重大な関心を寄せています。大気汚染でナノ粒子が拡散した場合、鼻、気管支、肺を通じて体内に取り込まれますが、血液内を循環し腎臓のろ過排出機構が働かないと、体外にナノ粒子を積極的に排泄する機構を人間は持っていないことになります。

ガン細胞を攻撃するためにフラレン（注：ナノ粒子の一種）に薬物分子を結合させて体内に注入し、うまくガン細胞を殺す目的の研究が進んでいるようですが、ガン細胞を殺したあと薬物分子は解毒されるとしても、サッカーボール状のフラレンは容易に破壊されずに細胞や血液中に残ります。この粒子はどのように体外に出て行くのでしょうか？　大きな疑問が残っています。

ＰＣＢは燃えない油として、種々様々な用途に多用され、人体を汚染した。燃えない繊維として重宝されたアスベストは、今、その健康被害が大きな社会問題になっている。自分で自分の首を絞める悪しき歴史が繰り返されることがないように、ＰＣＢやアスベスト、ダイオキシンや環境ホルモン同様、ナノ粒子の今後についても、大いに注視する必要がある。

中西氏はこの判決に満足なのだろう。早々と控訴しないことを表明した。

中西氏にしても安井氏にしても、茶飲み話なら許される程度の話を不特定多数の人がアクセスできるホームページに、さも科学的であるかのように装って記事を載せる。それも確かに言論の自由と言えばそうかもしれない。しかし、それで、他人が傷つけられたり、信用を損うような表現は厳に慎むべきである。それが人間としての良識であり、最低限の社会規範である。

今回の松井氏の名誉毀損裁判はそれを争ったのだが、残念な結果になってしまった。

おわりに

私はこれまで、ほとんど毎年、国際会議に出席し、何か国かの大学や研究所を訪問してきた。そのような場で、私がよく感じたことは、彼らが形式ではなく、いかに内実を重視するかということだ。そして、常に道理に適った議論をし、その結果を実行しようとする。

翻って、わが国の有り様を見ると、いかに形式に囚われ、中身がないか、ということに気がつく。結果として、道理にも適っていない。このことは、わが国の学問・科学の有り様にも見られる。それが、また、精神・文化後進国と嘲弄される原因にもなっているのであろう。

金や権力を持つ側にある者が、それを笠に着て、意見や考えを異にする者を恫喝し、愚弄し、蔑ろにしようとする。そのために、早々に、自分たちにとって都合がいい研究結果や考えに固定化し、都合のよくない結果や考えを無視しようとする。そして、その目的を達成するために、そのことを、さも科学的であるかのように、不特定多数の人がアクセスするホームページに掲載したりするのである。

このような人々に先導される学問や科学が、我々に真の幸福や繁栄をもたらす筈がない。私が国際会議などで肌で感じた違和感も、ここに原因があるように思う。

今、地球の温暖化が大きな関心事になっている。

温暖化の最大の原因は二十世紀後半からの人口爆発だ。つまり、人間の数が増え過ぎたからだ。人口爆発の最大の原因は、一九四五年と一九四八年に、それぞれノーベル医学生理学賞を受賞したペニシリンとＤＤＴに代表される、科学・医療の進歩である。

前者は抗生物質の原型として、伝染病による死から人類を解放し、後者は農薬の原型として、飢餓から人類を解放した。このように、短期的には、人類に大いなる幸福をもたらす科学や医療の進歩が、長期的には、自らの首を絞めることになっている。

そして、二十一世紀の今、我々が直面する難問は地球の温暖化だけではない。人体汚染を含む、すべての環境問題、食糧不足とエネルギー不足も、その根底には人口爆発がある。

特に、有害物質による人体汚染とその子孫への影響については変数が多いために、温暖化や食糧不足、エネルギー不足ほど明確には把握できていないが、これらすべての原因が同一の根っこである以上、その深刻さの度合もまた同じなのである。

私は科学・医療の最先端の場である大学にいる。

しかし、そこで、私はいつも違和感があり、居心地が悪い。

その原因は、すでに述べたように、科学や医療の進歩は本当に進歩と言えるのかという疑問だった、と思い当った。

これまでのような、科学・医療至上主義の社会でいいのか、という疑問。

イノベーションと経済成長に取り憑かれた社会でいいのか、という疑問。

今の科学と医療は、それら自体がマッチポンプ式サイクルの中にあり、最終的には、我々を破滅に導く。

たとえば、わが国の場合、人口爆発から少子高齢化へ、さらには老人社会へと移行している。

そして、国立社会保障人口問題研究所が十年ほど前に発表した人口の超長期予測によれば、西暦三五〇〇年には日本民族は絶滅する。

人間が人間としての、本来の姿を取り戻すためには、これまでの価値観や人生観とは別の、まったく新しいものを創造する必要がありはしないか。

それは死に向かう人生を受け入れ、その中で充実した人生を全うするための哲学や価値観、人生観であり、そのための教育が必要なのではないか。

私はこんなことを考えながら、本書を書いた。

最後に、本書の出版を快諾され貴重なコメントまで頂戴した緑風出版の高須次郎氏に深謝する。

二〇〇七年九月
著者

[著者略歴]

長山　淳哉（ながやま・じゅんや）

1947年高知県生まれ。九州大学大学院医学研究科博士課程修了。米国・国立環境保健研究所生殖発生毒性学部門博士研究員を経て、現在、九州大学大学院医学研究院准教授。医学博士。大学院時代、ライフワークの原点ともなったカネミ油症の原因物質PCDFs（ダイベンゾフラン、ダイオキシン類の一種）を発見。以来、ダイオキシン研究の第一人者として活躍を続けている。専門は環境分子疫学、環境遺伝毒性学。

主な著書に『しのびよるダイオキシン汚染』（講談社）、『母体汚染と胎児・乳児』（ニュートンプレス）、『胎児からの警告』（小学館）、『コーラベイビー』（西日本新聞社）など。英文論文114篇、国際学会発表82回と国際的にも活躍している。

ダイオキシンは怖《こわ》くないという嘘《うそ》

2007年10月25日　初版第1刷発行　　定価1800円＋税

著　者　長山淳哉 ©

発行者　高須次郎

発行所　緑風出版

〒113-0033　東京都文京区本郷2-17-5　ツイン壱岐坂

［電話］03-3812-9420　［FAX］03-3812-7262

［E-mail］info@ryokufu.com

［郵便振替］00100-9-30776

［URL］http://www.ryokufu.com/

装　幀　堀内朝彦

制　作　R 企 画　　印　刷　シナノ・巣鴨美術印刷

製　本　シナノ　　用　紙　大宝紙業　　E2000

Junya NAGAYAMA© Printed in Japan　　ISBN978-4-8461-0715-4　C0036